中国深部煤矿
地热资源评价及利用分析

张　毅　郭东明　著

北　京
冶　金　工　业　出　版　社
2012

内 容 提 要

本书根据我国不同区域的地温资料，分析了含煤地层地温场的分布特征。通过研究典型高地温矿井——夹河矿 200 ~ 1200m 深煤系地层大量地温实测资料和其深部采场热源特征，总结出该矿深部地温场及地温梯度的变化趋势和规律，讨论了其深部采场热交换的影响因素；分析了不同进水温度和提取温差对水源热泵性能的影响。通过比较深部矿井地层涌水热害资源化利用与传统燃煤锅炉技术，对5个地区的矿井涌水温度与煤炭价格平衡点进行了经济性分析。

本书可供地下工程、岩土工程、地热工程及采矿工程等专业的工程技术和管理人员使用，也可供高等院校相关专业师生参考。

图书在版编目(CIP)数据

中国深部煤矿地热资源评价及利用分析/张毅，郭东明著.
—北京：冶金工业出版社，2012.5
ISBN 978-7-5024-5921-5

Ⅰ.①中…　Ⅱ.①张…　②郭…　Ⅲ.①煤系—地热场—资源评价—中国　Ⅳ.①P618.11　②P314.2

中国版本图书馆 CIP 数据核字(2012)第 073713 号

出 版 人　曹胜利
地　　址　北京北河沿大街嵩祝院北巷 39 号，邮编 100009
电　　话　(010)64027926　电子信箱　yjcbs@cnmip. com. cn
责任编辑　张耀辉　宋　良　美术编辑　彭子赫　版式设计　孙跃红
责任校对　郑　娟　责任印制　张祺鑫
ISBN 978-7-5024-5921-5
三河市双峰印刷装订有限公司印刷；冶金工业出版社出版发行；各地新华书店经销
2012 年 5 月第 1 版，2012 年 5 月第 1 次印刷
850mm ×1168mm　1/32；4.875 印张；117 千字；145 页
19.00 元

冶金工业出版社投稿电话：(010)64027932　投稿信箱：tougao@cnmip. com. cn
冶金工业出版社发行部　电话：(010)64044283　传真：(010)64027893
冶金书店　地址：北京东四西大街 46 号(100010)　电话：(010)65289081(兼传真)
(本书如有印装质量问题，本社发行部负责退换)

前　言

随着国民经济的快速发展和对能源需求的日益增长，我国煤矿开采也不断向深部发展，伴随而来的制约深部开采的关键性难题——深部热害问题，也正变得日益严重。热害问题如何解决，直接影响到深部资源的安全开采。地热从有益的一面来讲可认为是一种清洁能源——地热能，若能将治理与利用同时并行，代替现有的燃煤锅炉，更是利国利民的事业。本书从技术和经济两个方面着手，探讨了我国深部地温场，特别是深部煤矿地热资源的利用，对深部开采及地热能利用具有一定的参考实用价值。以往的书籍多从深井热害治理角度来论述，而涉及热害资源化利用方面的却较少，本书可弥补这方面研究的不足。

本书共分为 6 章。第 1 章介绍了我国矿井涌水利用现状和矿井涌水作为地热资源利用所遇到的问题以及全书的内容结构；第 2 章通过收集分析我国不同区域地温梯度随深度变化的资料，研究了我国千米深含煤地层地温梯度变化规律，结合我国煤炭区域分布特征，分析了 1000m、800m 和 600m 深含煤地层的地温场分布特征，为千米内矿井涌水温度范围的研究提供可靠依据；第 3 章进一步研究了典型高地温矿井——夹河矿深部地温场的分布规律和地温梯度的变化趋势及规律；第 4 章基于对夹河矿深部采场热源的分析，讨论了其深部采场热交换的影响因素，通过将深部采场考虑辐射时的模拟结果与实测结果相对比，初步判断深部采场热环境评价应考虑三种热传导方式，并推导出考虑导热、对流和辐射共同作用用时深部地层的热传导微分方程；第 5 章针对煤矿向深部发展后矿井温度急剧升高的特点，将深井热害通过热能采集及利用系统变废为宝，但同时发现该系统性能除受压缩机性能、水源热泵机组的工质、水源的水质以及水源的供水稳定性等客观因素影响外，矿井涌水温度对水源热泵的制热量及 COP 值影响较大，进而分析了不同进水温度和提取温差对水源热泵性能的影响，初步确定了其最优运行参数；第 6 章通过对深部地层热害资源化利用与传统燃煤锅炉技术的分析比较，在对比我国 5 个不同纬度地区 1000m、800m 和 600m 深矿井涌水温度范围的基础上，对这 5 个地区的矿井涌水温度与煤炭价格平衡点做了经济性分析。

本书由张毅和郭东明共同撰写，其中郭东明参与了本书第 2 章、第 3 章的撰写，并负责全书的修改和整理工作；张毅撰写了其余章节内容，同时负责全书的统稿工作。本书在撰写过程中得到了中国矿业大学（北京）何满潮教授的无私指导和帮助；清华同方的于卫平高级工程师也对本书的撰写给予了许多帮助，在此对他们表示衷心的感谢！

本书的撰写和出版得到了中央高校基本科研业务费（2009QL04、2010QL04）、国家重点基金项目（51134005）等资金的资助；得到了中国矿业大学（北京）深部岩土力学与地下工程国家重点实验室、岩土工程国家重点学科、工程力学博士后科研流动站、中国矿业大学（北京）力学与建筑工程学院、徐州矿务集团有限公司等单位的大力支持和协助，在此一并表示感谢！

在撰写过程中，参考了许多与地温场和矿井降温方面相关的著作、学术期刊论文及互联网刊载文章，可以说没有众多科研工作者的艰辛劳动，就没有本书立足的基础。在此特向给予本书写作以启迪、支撑的相关文献的作者表示感谢！

由于作者水平所限，书中难免存在疏漏和不足之处，敬请广大读者批评指正。

作　者

2012 年 2 月

目　录

1 绪　论

能源是国民经济发展的基础，我国是以煤炭为主的能源生产和消费大国，煤炭开采过程中不但地温会随着开采深度的加深而升高，从而导致深井热害问题的出现，而且在开采过程中往往还会伴随着大量矿井涌水的排放。

本书在分析我国地温场随深度变化规律的基础上，提出将矿井涌水作为地热资源来利用，针对其水质、流量和温度对水源热泵系统的影响，分析了不同工况下水源热泵的工作性能及其变化趋势；并与传统的燃煤锅炉供暖方式对比，在制热量相同的条件下，比较了水源热泵系统的耗电量与燃煤锅炉系统的耗煤量；分析了不同温度矿井的涌水范围对应的平衡煤价。

1.1 能源概述

1.1.1 能源结构现状、问题及发展趋势

能源是推动社会经济快速发展的动力，能源的可持续开发和利用则是实现社会经济、人口、资源、环境协调发展的重要基础与物质保障[1]。煤炭是世界上储量最多、分布最广的常规能源，也是重要的战略资源。它广泛应用于冶金、电力、化工等各类工业生产及居民生活领域。在未来数十年内，煤炭仍将是一种主要能源。

我国是一个富煤、少油、贫气的国家，是世界上唯一以煤炭为主的能源消费大国，燃煤占世界煤炭消费量的 27%；二氧

化碳排放量占全世界的13%，仅次于美国，居世界第二位；二氧化硫排放量为世界第一[1]。

我国的煤炭资源丰富，煤炭产量已多年位居世界首位[2]。我国煤炭资源占一次能源构成的70%，已探明的煤炭资源量占世界总量的11.1%，而石油和天然气仅占世界总量的2.4%和1.2%。煤炭在我国一次性能源生产和消费构成中均占2/3以上[3]。据有关部门预测，在未来20~50年内，我国一次能源生产和消费以煤炭为主的格局不会改变[4,5]。我国已探明的煤炭储量中，埋深在1000m以下的为2.95万亿吨，占煤炭资源总量的53%[6,7]。根据煤炭行业协会统计，2011年我国煤炭产量达到35.2亿吨，约占一次能源生产总量的78.6%。长期开采使得浅部资源日益枯竭，因此，煤炭资源开采向深部发展是必然的趋势。目前，我国煤矿开采深度正以8~12m/a的速度增加，东部矿井更是以10~25m/a的速度发展，预计在未来的20年，我国很多煤矿将进入1000~1500m的开采深度[6,8]。煤炭资源的深部开采问题已经摆在我们面前。

随着开采深度的增加，地质条件出现恶化、破碎岩体增多、地应力增大、涌水量加大、地温升高，从而导致提升难度加大、作业环境恶化、巷道维护困难、地质灾害增多、通风降温设施扩容、生产成本急剧增加、安全难以保障等一系列问题，给深部资源的开采带来了严峻的挑战[9~13]。

在深部开采条件下，地温升高是工作条件恶化的重要原因，持续的高温将对井下工作人员的身体健康和工作能力造成极大的伤害，并使劳动生产率大大下降[14]。

20世纪50~60年代，国内外一些深热矿井的热害问题日趋严重。到了70年代，矿井热害更加突出，并有从局部发展成带普遍性的趋势。到90年代，仅我国有热害的矿井就已发展到70

个[15]（含台湾省20个[16]），采掘工作面气温超过30℃的煤矿约40个，最高达40℃；某些稀有金属矿山还可达45℃。在国外，南非西部矿井，在深度3300m处，气温达到50℃；日本丰羽铅锌矿，由于受地下热水的影响，在深500m处气温甚至高达80℃[17]。

我国淮南九龙岗矿（深830m，工作面温度28℃左右）的工人中，受热害影响所致的高血压及心悸病患者占较大比例。1974年，平顶山八矿东一石门（深510m，气温30℃左右）工作面涌出温度为36℃的热水，水量仅有12m^3/h，却使工作面温度上升至33～34℃，施工的工程兵战士中曾多次发生中暑昏倒及呕吐的现象，凡是在那里工作的人均患有传染性湿疹，几乎无人幸免，冬季感冒的发病率也特别高。广西合山矿务局里兰矿，由于井下有28～35℃的热水涌出，巷道内气温保持在22～29.6℃之间，出水点附近更可达33℃，据1976年统计，井下工人有415人患各种皮肤病，也发生过多起中暑昏倒的病例[18]。

高温环境不但会对工人的身体健康造成严重的伤害，而且还可引起人的中枢神经系统失调，从而使人感到精神恍惚、疲劳、全身无力、昏昏沉沉。这种精神状态成为诱发事故的原因。

20世纪20年代，南非威特沃特斯兰中部的许多矿山由于开采深度的加大，原岩温度升高，其工作面的湿球温度超过30℃，1924年第一次出现了高温人身事故。图1-1列出了在1924～1970年间，每年在井下劳动的工人总人数和发生高温人身事故的次数，从图中可以明显地看出，1924～1930年期间，高温事故率在急剧上升[19]。

曾为南非公共卫生秘书的E·H·克卢弗博士对金矿高温事故首先进行了系统的研究，研究结果于1932年公开发表[20]。该研究发现在1924～1931年的七年中因高温引起的死亡事故为

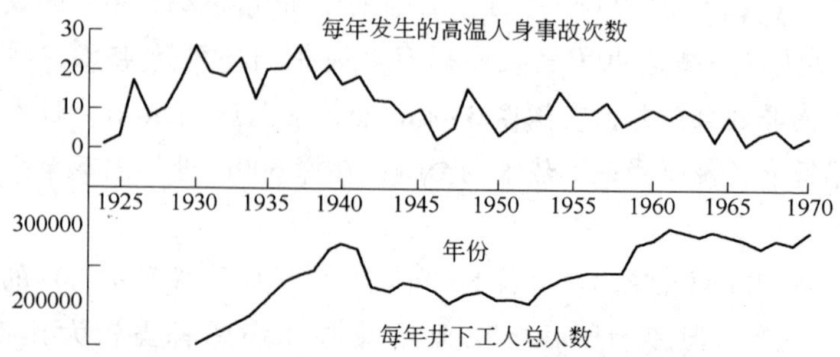

图 1-1 高温人身事故次数与井下工人总人数关系图[19]

92 人，1930 年仅在两个矿山就发生了 69 次死亡事故，其开采深度均在地表以下 1700m；92 次死亡事故中有 67 次是发生在工作面，其湿球温度均超过了 30℃，受到高温威胁的工人人数估计有 14000 人。1935 年，Dreosti 在一份报告中叙述了这一时期在金矿发生的高死亡率的紧急情况[21]：“在西梯深金矿，高温事故已成为一严重威胁，特别是开采深度还在继续增加。而且，在高温适应训练期间，每工班的生产量只相当于正常工班的 1/3。效率的损失对矿山的经济效益影响深远。”

据日本北海道七个矿井的调查统计，气温在 30℃左右的工作面事故率比气温在 30 ~40℃的高 1. 5 ~2. 3 倍[22]。

据南非多年的调查统计，当矿内作业地点的空气湿球温度达到 28. 9℃（相当于干球温度 30℃）时，开始出现中暑死亡事故[23]。表 1-1 为南非金矿井下温度与事故率关系表[24]。

表 1-1 南非金矿井下温度与事故率关系表[24]

作业地点气温/℃	27	29	31	32
工伤频次/次 · 千人$^{-1}$	0	150	300	450

由此可见，热害已成为限制煤炭资源深部开采的主要障碍之一，目前已得到普遍的重视。我国的《煤炭资源地质勘探低温测量若干规定》指出，平均地温梯度不超过3℃/100m的地区为地温正常区，超过3℃/100m的地区为高温异常区。同时该规定还指出，原始岩温高于31℃的地方为一级热害区，原始岩温高于37℃的地区为二级热害区[25]。我国《煤矿安全规程》第102条规定："生产矿井采掘工作面空气温度不得超过26℃"，"当空气温度超过26℃时，必须缩短超温点工作人员的工作时间，并给予高温保健待遇"；"采掘工作面的空气温度超过30℃，必须停止作业"；"新建、改扩建矿井设计时，必须进行矿井风温预测计算，超温地点必须有制冷降温设计，配齐降温设施"[26]。

相关统计数据[27~29]表明了我国的能源现状：2001~2008年间，我国每年一次性能源（不可再生能源）的消费比重均在90%以上（见表1-2），而地热能、太阳能、风能、生物质能等可再生新能源的利用率很低（见图1-2）。

表1-2　2001~2008年中国能源消费总量及构成[27~29]

年份	能源消费总量/万吨标准煤	占能源消费总量比重/%			
		煤炭	石油	天然气	可再生新能源
2001	143199	66.7	22.9	2.6	7.8
2002	151797	66.3	23.4	2.6	7.7
2003	174990	68.4	22.2	2.6	6.8
2004	203227	68.0	22.3	2.6	7.1
2005	224682	69.1	21.0	2.8	7.1
2006	246270	69.4	20.4	3.0	7.2
2007	265480	68.3	20.3	3.2	8.2
2008	285000	67.6	20	3.4	9

注：数据来源于中国统计年鉴2001~2006、2007~2008年国民经济和社会发展统计公报以及中国能源网。

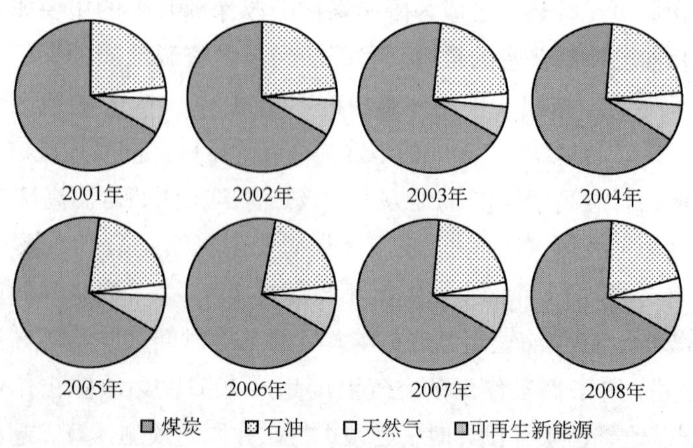

图 1-2 2001～2008 年中国能源结构图

从图 1-2 可以看出，我国能源消费结构中以煤炭为主的格局相当长一段时间内是不会改变的，新能源的利用率很低，仍然处于我国能源消费结构的次要地位，但所占比例增幅最快，发展势头良好。

我国能源消费构成的特点：

（1）煤炭的生产和消费比重偏高。2001～2006 年煤炭年产量占能源总产量的比重呈逐年递增趋势，2006 年这一比重上升至 76.7%。

（2）石油的生产量低，消费量高，供需缺口仍需依赖进口来满足。与煤炭资源相反，石油在能源总产量中的比重逐年递减，2006 年仅为 11.9%，而其消费量的比重五年来均超过 20%。

（3）新能源利用率低，发展潜力大。一方面国内目前对新能源的利用率不足 10%，另一方面我国地域辽阔，地热能、太阳能、风能、生物质能等能源蕴藏丰富，开发潜力巨大。

煤炭的用途十分广泛，根据使用目的可分为两大用途，即动力用煤和炼焦用煤。

动力用煤的主要种类有：

（1）发电用煤。我国约1/3以上的煤用来发电，电厂利用煤的热值，把热能转变为电能。目前平均发电耗煤为标准煤370g/（kW·h）左右。

（2）蒸汽机车用煤。蒸汽机车用煤占动力用煤的2%左右，蒸汽机车锅炉平均耗煤指标为100千克/（万吨·千米）左右。

（3）建材用煤。建材用煤约占动力用煤的10%以上，其中以水泥生产用煤量最大，其次为玻璃、砖、瓦等生产用煤。

（4）一般工业锅炉用煤。除热电厂及大型供热锅炉外，一般企业及取暖用的工业锅炉型号繁多，数量大且分散，用煤量约占动力煤的30%。

（5）生活用煤。生活用煤的数量也较大，约占燃料用煤的20%。

（6）冶金用煤。冶金用煤主要为烧结和高炉喷吹用无烟煤，其用量不到动力用煤量的1%。

炼焦煤的主要用途是炼焦炭，焦炭由焦煤或混合煤高温烧炼而成，一般1.3吨左右的焦煤才能炼出1吨焦炭。焦炭多用于炼铁，是目前钢铁行业的主要生产原料，被喻为钢铁工业的“基本食粮”。

煤炭用作动力煤带来的一个严重后果就是产生大量的二氧化碳（CO_2）、甲烷（CH_4）、氧化亚氮（N_2O）、水汽（H_2O）和臭氧（O_3）等温室气体，它们会促使全球气候变暖，从而带来一系列危及人类生存与发展的问题，虽是天灾，却也是人祸。在1997年于日本京都召开的联合国气候化纲要公约第三次缔约国大会所通过的《京都议定书》，明订针对六种温室气体进行削减，包括上述所提到的二氧化碳（CO_2）、甲烷（CH_4）、氧化亚氮（N_2O）以及氢氟碳化物（HFCs）、全氟碳化物（PFCs）和六氟化硫（SF_6）。其中后三类气体造成温室效应的能力最强，但从对全球升温的贡献百分比来说，二氧化碳由于含量较多，故所占的比例也最大，约为55%。

世界卫生组织的健康专家警告说，全球变暖会引发旱灾，造成粮食减产，加剧部分地区民众营养不良等；沙尘暴和山火会引发呼吸系统疾病；洪水则会增加溺水和传染病造成的伤亡人数。亚太地区已深受全球变暖的危害，其直接或间接导致亚太地区每年7.7万人死亡，约占全球因此问题死亡人数的一半，而这一数字尚不包括与空气污染有关的死亡人数。出席会议的世界卫生组织西太平洋区主管尾身茂还曾举例说，气温上升程度与新加坡患登革热病人数增长具有相关性，1978年新加坡平均气温为26.9℃，20年后气温升高到28.4℃。而这20年间，新加坡登革热病例报告数量也上涨了10倍。此外，疟疾首次蔓延到不丹和巴布亚新几内亚一些地区，这种疾病以蚊子为媒介，过去无法在这些地区传播，但现在这些地区气温升高，疟疾由此出现。

气候变暖还会引起冰川融化，如在喜马拉雅地区，这将给居住在喜马拉雅山下的印度和中国的居民带来影响。冰川融化，一方面是使山川地貌改变；另一方面是大量冰川融水在当地形成大型湖泊，并形成潜在的洪水威胁。联合国的调查显示，在喜马拉雅地区约9000个冰川湖泊中，有200多个存在暴发洪水的危险。科学家们估计，今天洪水的威力将比1985年造成灾难的洪水大20倍。另外，气候变暖还会引起地震、海啸等严重的灾难。

2℃被科学家看做是全球变暖问题的一个临界点，根据欧盟定义的级别，2℃意味着“危险”。他们认为，全球平均气温上升2℃将是灾难性气候变化的开端，它将导致数百万人遭受干旱、饥饿和洪灾。

尽管能源的利用存在种种负面影响，但全人类的生存、发展和进步却时时刻刻都离不开能源的消耗。表1-3是2001～2008年世界和我国能源消费总量统计表。

表1-3 2001～2008年能源消费总量统计

年份 能源消费总量	2001	2002	2003	2004	2005	2006	2007	2008
世界/亿吨标准煤	131.32	136.90	142.12	148.24	159.36	154.84	158.50	160.80
中国/万吨标准煤	143199	151797	174990	203227	224682	246270	265480	285000

注：数据来源于2007～2008年国民经济和社会发展统计公报及国际能源网。

根据表1-3绘制2001～2008年世界和中国能源消费总量柱状图，如图1-3所示。

从图1-3可以看出，世界和我国能源消费总量都呈逐年上涨的趋势，尤其从我国能源消费柱状图上可以明显地看出，我国近十年的快速发展消耗了大量的能源。

进入21世纪后，随着经济规模的迅速扩大和人民生活水平的不断提高，能源的总体需求和人均消费量逐渐增长，煤炭、石油、天然气等不可再生能源的利用受其资源储量和环境污染的制约，供应明显不足，需求增长与能源资源不足的矛盾愈加尖锐，人口的增长、新兴国家城镇化进程的加快，会持续加大

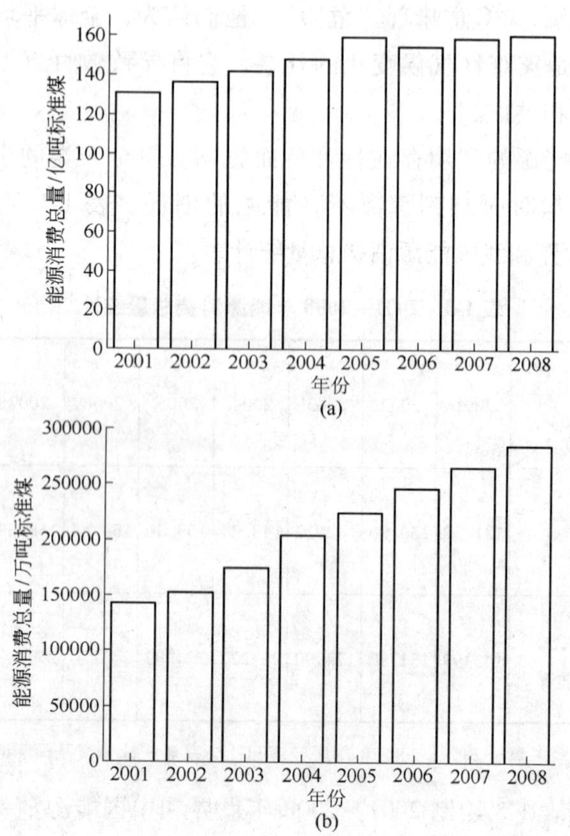

图 1-3 2001～2008 年世界和中国能源消费总量柱状图

（a）世界；（b）中国

对能源的需求。这将对能源价格形成影响，并进而给经济增长、能源安全和气候变化带来新的挑战。成功应对挑战，一个至关重要的选择就是努力节约能源、提高能源使用效率以及提高可再生能源在能源消费结构中的比例[1]。

严峻的能源现实促使国际社会加紧研究“资源量大、可持续发展、清洁、环保”的可再生能源的开发和利用，努力寻求一条既有利于社会、经济发展，又能减少环境污染的能源供应与消费的道路，利用可再生能源的优势缓解当前经济、能源、环境三者之间的矛盾，从而达到保障能源持续稳定供应的目的。我国未来能源构成的发展趋势是：

（1）降低一次性能源（不可再生能源）的消费比重，促进煤炭清洁高效利用。化石能源的日渐枯竭和环境问题的逐步加剧，使我国能源消费结构必须向降低一次性能源（不可再生能源）比重的方向发展，而我国资源储量的特点又决定了在较长时间内煤炭仍将为主要能源消费品。因此要加快推广煤炭先进清洁发展技术，促进煤炭清洁生产和清洁循环利用，提高煤炭产业附加值和使用效率，有效保护生态环境。

（2）加强新能源的研发应用，提高可再生性能源的消费比重。我国石油储量少，对进口石油依存度高，要从根本上解决能源供应问题，必须大力推进能源科技进步与自主创新。积极推进太阳能、海洋能、核能、生物质能等新能源的研究开发，提高可再生能源的消费比例。预计到 2050 年，我国煤炭消耗量将由目前的 70% 降至 40%，地热能、太阳能、风能、生物质能等可再生新能源的比重则会由目前的 9% 增至 30%[2]，如图 1-4 所示。

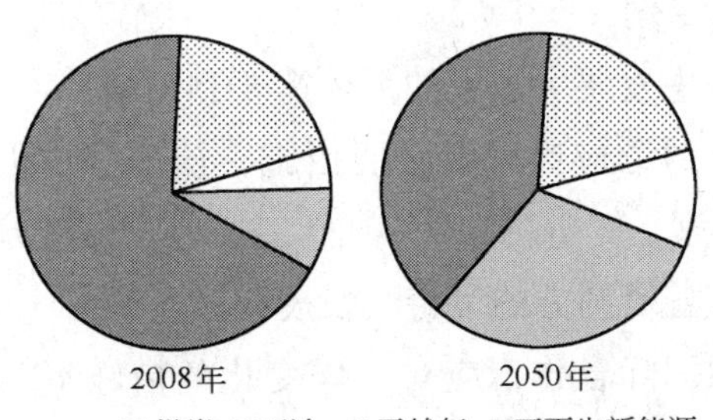

图 1-4　2008 年和 2050 年我国能源消费结构

1.1.2 能源政策

对于由能源消耗过程带来的一系列问题，世界各国均非常重视，并采取积极的态度，出台相关政策控制温室气体的排放，以应对气候变化、环境恶劣、能源安全等问题。

《联合国气候变化框架公约》（United Nations Framework Convention on Climate Change，英文缩写 UNFCCC），简称《框架公约》，是 1992 年 5 月 22 日联合国政府间谈判委员会就气候变化问题达成的公约，并于 1992 年 6 月 4 日在巴西里约热内卢举行的联合国环境与发展大会（地球首脑会议）上通过。

《联合国气候变化框架公约》是世界上第一个为全面控制二氧化碳等温室气体排放，以应对全球气候变暖给人类经济和社会带来不利影响的国际公约，也是国际社会在应对全球气候变化问题上进行国际合作的一个基本框架。

《联合国气候变化框架公约》的目标是减少温室气体排放，减少人为活动对气候系统的危害，减缓气候变化，增强生态系统对气候变化的适应性，确保粮食生产和经济可持续发展。为实现上述目标，公约确立了五个基本原则：

（1）“共同而区别”的原则，要求发达国家应率先采取措施，应对气候变化；

（2）要考虑发展中国家的具体需要和国情；

（3）各缔约方应当采取必要措施，预测、防止和减少引起气候变化的因素；

（4）尊重各缔约方的可持续发展权；

（5）加强国际合作，应对气候变化的措施不能成为国际贸易的壁垒。

《联合国气候变化框架公约》于 1994 年 3 月 21 日正式生

效。截至2004年5月，该公约已拥有189个缔约方。

《联合国气候变化框架公约》将参加国分为三类：

（1）工业化国家。这些国家承诺要以1990年的排放量为基础进行削减，以此承担削减排放温室气体的义务。如果不能完成削减任务，可以从其他国家购买排放指标。

（2）发达国家。这些国家不承担具体削减义务，但承担为发展中国家提供资金、技术援助的义务。

（3）发展中国家。不承担削减义务，以免影响经济发展，可以接受发达国家的资金、技术援助，但不得出售排放指标。

《联合国气候变化框架公约》由序言及26条正文组成。这是一个有法律约束力的公约，旨在控制大气中二氧化碳、甲烷和其他造成“温室效应”的气体的排放，将温室气体的浓度稳定在使气候系统免遭破坏的水平上。

《联合国气候变化框架公约》对发达国家和发展中国家规定的义务以及履行义务的程序有所区别。公约要求发达国家作为温室气体的排放大户，采取具体措施限制温室气体的排放，并向发展中国家提供资金以支付他们履行公约义务所需的费用。而发展中国家只承担提供温室气体源与温室气体汇的国家清单的义务，制定并执行含有关于温室气体源与汇方面的措施方案，不承担有法律约束力的限控义务。公约建立了一个向发展中国家提供资金和技术，使其能够履行公约义务的资金机制。

自1995年3月28日首次缔约方大会在柏林举行以来，缔约方每年都召开会议。

1997年12月11日，第三次缔约方大会在日本京都召开。149个国家和地区的代表通过了《京都议定书》，它规定从2008年到2012年期间，主要工业发达国家的温室气体排放量要在1990年的基础上平均减少5.2%，其中欧盟将6种温室气体的排放削减 8%，美国削减 7%，日本削减 6%。

2002 年 10 月，第八次缔约方大会在印度新德里举行。会议通过的《德里宣言》强调，应对气候变化必须在可持续发展的框架内进行。

布什就任美国总统后，一直拒绝签署《京都议定书》，但在世界多数国家的努力下，《京都议定书》还是在 2005 年 2 月 16 日正式生效。目前，已有 156 个国家和地区批准了该项协议。

2007 年 12 月，第十三次缔约方大会在印度尼西亚巴厘岛举行，会议着重讨论"后京都"问题，即《京都议定书》第一承诺期在 2012 年到期后如何进一步降低温室气体的排放。15 日，联合国气候变化大会通过了《巴厘岛路线图》，启动了加强《联合国气候变化框架公约》和《京都议定书》全面实施的谈判进程，致力于在 2009 年年底前完成《京都议定书》第一承诺期 2012 年到期后全球应对气候变化新安排的谈判并签署有关协议。

2008 年 7 月 8 日，八国集团领导人在八国集团首脑会议上就温室气体长期减排目标达成一致。八国集团领导人在一份声明中说，八国寻求与《联合国气候变化框架公约》其他缔约国共同实现到 2050 年将全球温室气体排放量减少至少一半的长期目标，并会在公约相关谈判中与这些国家讨论并通过这一目标。

中国国家主席胡锦涛于 2009 年 9 月 22 日出席在联合国总部举行的联合国气候变化峰会。此次峰会旨在为 12 月份在哥本哈根召开的气候变化会议铺平道路。

胡锦涛主席在此次峰会开幕式上发表题为《携手应对气候变化挑战》的重要讲话，表示中国已经制定和实施了《应对气候变化国家方案》，明确提出 2005 年到 2010 年降低单位国内生产总值能耗和主要污染物排放、提高森林覆盖率和可再生能源比重等有约束力的国家指标。仅通过降低能耗一项，中国 5 年内可以节省能源6.2亿吨标准煤，相当于少排放15亿吨二氧化碳。

胡锦涛主席在讲话中还表示："今后，中国将进一步把应对气候变化纳入经济社会发展规划，并继续采取强有力的措施。一是加强节能、提高能效工作，争取到2020年单位国内生产总值二氧化碳排放比2005年有显著下降。二是大力发展可再生能源和核能，争取到2020年非化石能源占一次能源消费比重达到15%左右。三是大力增加森林碳汇，争取到2020年森林面积比2005年增加4000万公顷，森林蓄积量比2005年增加13亿立方米。四是大力发展绿色经济，积极发展低碳经济和循环经济，研发和推广气候友好技术。"

哥本哈根世界气候大会全称是《联合国气候变化框架公约》第十五次缔约方会议暨《京都议定书》第五次缔约方会议，这一会议也被称为哥本哈根联合国气候变化大会，于2009年12月7~18日在丹麦首都哥本哈根召开。会议商讨了《京都议定书》一期承诺到期后的后续方案，即2012年至2020年的全球减排协议，就未来应对气候变化的全球行动签署了新的协议。这是继《京都议定书》后又一具有划时代意义的全球气候协议书，毫无疑问，它会对地球今后的气候变化走向产生决定性的影响。这是一次被喻为"拯救人类的最后一次机会"的会议。

国务院总理温家宝在丹麦哥本哈根气候变化会议领导人会议上发表了题为《凝聚共识　加强合作　推进应对气候变化历史进程》的重要讲话，指出中国已从科学和社会发展等多方面认识到了气候变化的巨大影响，并且着手积极应对。

中国是最早制定实施《应对气候变化国家方案》的发展中国家。先后制定和修订了《节约能源法》、《可再生能源法》、《循环经济促进法》、《清洁生产促进法》、《森林法》、《草原法》和《民用建筑节能条例》等一系列法律法规，把法律法规作为应对气候变化的重要手段。

中国是近年来节能减排力度最大的国家，已全面实施十大重点节能工程和千家企业节能计划，在工业、交通、建筑等重点领域开展节能行动。深入推进循环经济试点，推动淘汰高耗能、高污染的落后产能，截至今年上半年，中国单位国内生产总值能耗比 2005 年降低 13%，相当于少排放 8 亿吨二氧化碳。

中国是新能源和可再生能源增长速度最快的国家。2005 年至 2008 年，可再生能源增长 51%，年均增长 14.7%。2008 年可再生能源利用量达到 2.5 亿吨标准煤。

中国是世界人工造林面积最大的国家，目前正持续大规模开展退耕还林和植树造林，大力增加森林碳汇。2003 ~2008 年，森林面积净增 2054 万公顷，森林蓄积量净增 11.23 亿立方米。目前人工造林面积达 5400 万公顷，居世界第一。

1990 ~2005 年，中国的单位生产总值二氧化碳排放强度下降 46%。在此基础上，温家宝总理提出了到 2010 年实现单位国内生产总值能源消耗比 2005 年降低 20% 左右、到 2020 年单位国内生产总值二氧化碳排放比 2005 年下降 40% ~45%、到 2010 年努力实现森林覆盖率达到 20%，2020 年可再生能源在能源结构中的比例争取达到 16% 等一系列目标。

综上所述，我国在今后较长一个时期内会坚持实行低碳经济运行模式的能源政策，即大量减少二氧化碳气体的排放，加大可再生能源的利用力度。

在未来数十年内，我国的一次能源生产和消费仍会以煤炭为主。有关统计数据[30 ~32]表明，20 世纪 90 年代国有重点煤矿的巷道掘进量每年约为 6000km；立进深度 50 年代平均不到 200m，到 90 年代平均已达 600m，相当于平均每年以 10m 的速度向深部发展。随着煤炭开采深度的日益增加，在开挖的过程中会不断地涌出大量的地下水，即矿井涌水，它既是水资源，同时也是一种中低温地热资源，即是一种可再生能源。

1.2　矿井涌水利用研究现状

水资源危机是21世纪人类面临的最严峻的问题之一。联合国环境署向人们发出警告：“世界的水荒正在不断加剧，威胁着人类的生存。”第47届联合国大会确定，从1993年开始，将每年的3月22日定为“世界水日”，旨在使全世界都关心并解决淡水资源短缺日益严重的问题[33]。

我国面临的水资源短缺问题尤为严重。我国水资源总量为$28124 \times 10^8 m^3/a$，居世界第6位，但人均占有水资源量仅$2477m^3$，列世界第110位，人均占有水量仅是世界水平的26%，是一个十足的贫水国[34]。全国600多座城市中有300多座缺水，有100座城市严重缺水，每年缺水量达$36 \times 10^8 t$。有关专家预测，到2030年，我国人均水资源仅有$1760m^3$，接近国际公认的$1700m^3$为“用水紧张”国家的标准。我国不仅水资源贫乏，而且水资源分布极不均匀。北方地区煤炭资源丰富，蕴藏着全国煤炭资源总储量的80%，但水资源量却仅占全国总量的20%，导致矿区缺水十分严重。目前，全国约有70%的煤矿区缺水，40%的煤矿区严重缺水，国有煤矿缺水达$698600m^3/d$，其中生活缺水$330000m^3/d$。东北、西北、山西、内蒙古以及豫西是我国的主要产煤区，但这些地区煤矿用水却极为紧张，有些矿区每日每人供水不足4L，严重制约了矿山生产，影响了煤炭职工的日常生活[33]。

矿井涌水指的是在矿井开挖过程中从岩层中涌出的地下水[35]。一般采用在井下设置水仓的方法将不同水平的矿井涌水收集起来，再通过泵站将其抽到地表，最初采取直接作为废水排掉的方式，后来加以资源化利用，对其进行水处理净化后，作为工农业用水，如消防、除尘、井下钻孔、灌溉，有的还用来制作矿泉水等[36]。

煤炭工业要发展，矿井涌水要排放，工农业的发展又需要大量的水资源，如何解决排放水和缺水的矛盾，出路就在于使矿井涌水资源化，把矿坑废水变成有用的水资源。另外，充分利用矿井涌水对提高煤炭生产经济效益、减轻环境污染，提高环境质量也有重要意义[37]。

结合以往矿井涌水的排、供情况和生态环保发展历史，其利用可分为以下三个阶段[38]：

第一阶段，矿井涌水粗放型利用，即利用矿井本身的排水和遗留下的报废矿井水，作为矿山的供水和农业灌溉水源。

第二阶段，矿井排水和废水处理与应用。除灌溉农田外，还着手处理净化为人畜饮用水，既避免了水资源的白白浪费，又解决了群众吃水难及灌溉难的问题，变废为宝，可谓一举两得。

第三阶段，用水与治水相结合，降低了岩溶地下水水位与水量。根据多年用水和治水的经验，进一步充分利用矿井涌水。随着工农业的发展，创造多渠道既用水又治水的途径。用水与治水相结合，既有利于矿井涌水疏放降压，又为矿井涌水开辟新用途，并达到排供结合、有利于环保的要求。

波兰的一个煤矿利用通风系统排放的空气和脱水系统的矿井水，同时结合热泵技术，使这两种低温能源得到了有效利用[39]。

加拿大新斯科细亚省利用废弃煤矿中的大约 $40\times10^4m^3$ 的水体作为周边工业楼宇供暖及制冷用水源热泵的热源及冷源。系统中水体通过对流循环，温度可维持在18℃，其运行成本远远低于燃油系统[40]。

20 世纪 70 年代，匈牙利北部赖奇克市建立了一个重要的铜矿矿井，后因国际市场上铜价格的下降而被关闭，从而被矿井水淹没。然而，该废矿却有巨大的地热潜力，大地热流异常高，可达到 0.108W/m²，在 1160m 深处温度高达 59.5℃，且此水平深度传热表面超过 15 万平方米。有关部门看到了此处的地热资源，便利用热泵技术为附近区域供热[41]。

加拿大政府对默多克维尔镇加斯佩矿的地热资源进行了评估，意在努力促使关闭矿井中可再生能源在工业园区中的使用。评估结果显示，被洪水淹没的金属矿山，包含了约 $370\times10^{4}m^{3}$ 的水体，相当于约 $6.7\times10^{13}J$ 的热能，其中的 50% 位于该城市工业园地表以下 180～500m 的区域，该水体可用于水源热泵系统。接下来政府又做了抽水试验，将潜水泵下到井下 49m 处，平均抽水量为 62L/s，持续了 3 周，最后水温稳定在 6.7℃，可用热能输出为 969kW。调查结果表明，可以在工业园区建立地热资源利用网络，通过热泵技术为建筑物供暖[42]。

波亚斯煤矿是波兰新鲁达煤矿区一个废弃的煤矿，在其石炭系地层含有大约 $50\times10^{4}m^{3}$ 的水体，温度在 16～26℃之间。因此，当地政府决定运作一项针对矿井涌水潜在资源开发的地热热泵的利用项目。基于 TOUCH2 代码的两个二维数值模型已经建立，以用于研究该煤田的热交换。温度恢复模型计算了岩体在自然传热条件下，采热过程中如果有冷量输入时废弃工作面温度恢复所需的时间。结果表明，温度恢复大约需要 10 年的时间。模型建立了地热对井，从废弃工作面抽水的温度设为 23℃，冷水体的流量分别设为 10L/s（热输出功率为 800kW）和 20L/s（热输出功率为 1600kW）[43]。

美国兰德供水局水利灌溉部注意到，冷却水是一种理想的冷媒，它可以用于清除矿井中的热量，尤其适用于工作面的降温。冷却水的来源可能有以下三个：灌溉用水、地下裂隙水和循环使用的已处理过的矿井涌水[44]。

我国煤矿每年采煤排放的矿井水约 $45\times10^8m^3$，一般吨煤需排放 $2.5m^3$ 矿井水，大水矿区，吨煤排水甚至高达 $10m^3$ 以上[11]。但是，我国矿井排水的处理、利用率都不高，据统计矿井排水的利用率仅为 43.8%[45]。矿井水不但排放量大，水质差异也非常大，有的水质好，无须处理，即可达到生活饮用水卫生标准，有的甚至可达矿泉水要求。但是，更多的还是含悬浮物、高矿化度、呈酸性，甚至含重金属和其他毒性物质的矿井水。这其中 80% 的矿井水未经处理，直接排到江河湖泊，从而造成严重的水污染，更加重了水资源的短缺。总体而言，我国矿井排水中主要污染物为悬浮物和细菌，但毒性和有害性较小，易于处理，是巨大的潜在水资源。如果将煤矿 12% 的矿井水处理利用，就可以解决煤矿区缺水问题，可见矿井水的资源化潜在价值是巨大的。

目前，根据我国矿井水排放和水质特征、环境保护要求、水资源化的技术现状以及社会需求等因素，矿井水资源化利用具体应包括以下几个方面：

（1）洁净矿井水的直接利用，主要是采取分排措施进行利用；

（2）矿井水的分级处理，可按达到污水排放标准排放、农业灌溉用水、景观用水、工业用水、生活杂用水与生活饮用水等的不同要求进行处理；

（3）特殊水质矿井水的深度开发利用，即对达到饮用天然矿泉水、医疗矿泉水、工业矿水水质的矿井水进行开发利用；

（4）将矿井水作为中低温地热资源进行利用，提取其中的冷能用于煤矿深井降温和矿区夏季制冷等，或者提取其中的热能用于矿区冬季供暖、全年洗浴和井口防冻等，以替代煤矿现有燃煤锅炉。

我国现有矿井约1.7万个，每个矿平均每年供热耗煤约0.5万吨，每年燃煤约0.85亿吨，年排放二氧化碳气体约1.6亿吨，5年排放量约达8亿吨。要想实现煤矿低碳经济运行模式，只有减少煤炭在消费能源中所占的比例，才能完成减少二氧化碳气体的排放。

煤矿不仅是耗煤大户，同时也是二氧化碳排放大户，所以必须首先从煤矿做起，建立不消耗煤炭资源的供热系统，替代煤矿现有的燃煤锅炉供热系统。矿井涌水就是一种替代能源，它可以说是煤矿资源开采过程的伴生物。这种资源条件利用起来不但有保障，而且非常方便。

1.2.1 我国矿井涌水情况

我国矿井涌水主要来自于奥陶及寒武系灰岩水、煤系灰岩水、煤系砂岩裂隙水、第四系冲积层水等[33]。矿井涌水量大小取决于矿区地下水的补给、径流、排汇条件、开采方法、开采深度和开采范围等。

东北大部分矿井涌水主要来自于第四系冲积层水和二叠系砂岩裂隙水，一般矿井吨煤涌水量在2～3m^3之间，矿井涌水量由东向西有逐渐减少趋势，如东部的珲春矿区吨煤涌水量高达14.5m^3，西部有些矿区吨煤涌水量则减至0.66m^3。

华北、华东大部分矿区矿井涌水主要来自于奥陶及寒武系灰岩水、石炭系灰岩水和二叠系砂岩裂隙水，涌水量一般较大，吨煤涌水量在3～10m^3之间。峰峰、淄博等矿区煤矿吨煤涌水量在10m^3以上，焦作矿区平均吨煤涌水量甚至达66.3m^3。

在西北的新疆、甘肃、宁夏、陕西中部，内蒙古西部地区，矿井大部分地处高原、山丘及沙漠戈壁边缘，海拔在800～

2000m，最高达3000m，年平均降水量仅为20～200mm，而年平均蒸发量却为2000～3000mm，某些矿区所在地区干旱指数超过100，地下水不能得到足够的大气降水和地表水补给，矿井涌水量普遍较少，吨煤涌水量大部分在1.6m³以下，有的矿区吨煤涌水量甚至只有0.1～0.2m³。西北地区除个别矿井外，大部分矿区缺水或严重缺水，是我国缺水矿区较为集中的地区，有的矿区每年缺少生产和生活用水达数十万立方米。

华北和华南聚煤区赋存的石炭-二叠系和晚二叠系煤系地层，其特征是主采煤层的顶板或底板有厚层的碳酸岩沉积，其中裂隙、溶洞发育，富含喀斯特水，是煤层开采的主要涌水水源。

表1-4[33,46,47]列举了我国不同地区部分煤矿的矿井涌水量及水温情况。

表1-4 我国部分煤矿矿井涌水量及水温统计表

矿 井 名 称	涌水量/$m^3 \cdot h^{-1}$	水温/℃
徐州夹河矿	95	30
徐州三河尖矿	1020	50
徐州张双楼矿	1250	30
徐州张集矿	250	23
徐州韩桥矿	1150	17～18
大屯孔庄矿	240	26
新汶新巨龙	1151	47
淮北涡北矿	60	25
济宁三号井	480	24～29
抚顺老虎台矿		48～51
抚顺东风矿		48～51
黄石胡家湾矿		39
长广牛头山矿		46

续表 1-4

矿 井 名 称	涌水量/$m^3 \cdot h^{-1}$	水温/℃
新汶孙村矿		45
新汶协庄矿		45
萍乡高坑矿		30
合山石村矿		35
安徽新集一矿		35
淮北朔里矿	240	
湛江韦港铁矿	170	49
焦作演马矿	4080	
巩义新中矿	3018	
峰峰梧桐庄矿		41
峰峰万年矿	600	
潞安常村矿	500	
兖州赵楼矿	276	
新龙梁北矿		42
沈阳红阳三矿	100	38
河北羊东井田		53.2
平煤五矿	100	42
平煤七矿	2300	
资兴周源山矿	397	20
鹤岗峻德矿	1627	9.7
鹤岗益新矿	245	

1.2.2 矿井涌水热能利用 HEMS 技术

矿井涌水既是水资源，同时也是一种中低焓地热资源，是可再生能源的一种。以中国矿业大学（北京）何满潮教授为学术带头人的科研团队提出了针对矿井涌水冷/热能利用的 HEMS

技术，并研发了一整套冷/热能利用装备。HEMS 技术[48~54]是在矿井涌水排出地表前，通过 HEMS-I 工作站从中提取冷能，然后运用提取出的冷量与工作面高温空气进行换热作用，降低工作面的环境温度及湿度；同时把置换出的热量作为地面供热及洗浴的热源，形成井下降温采热、地面用热的循环生产工艺系统。其工作原理如图 1-5 所示。

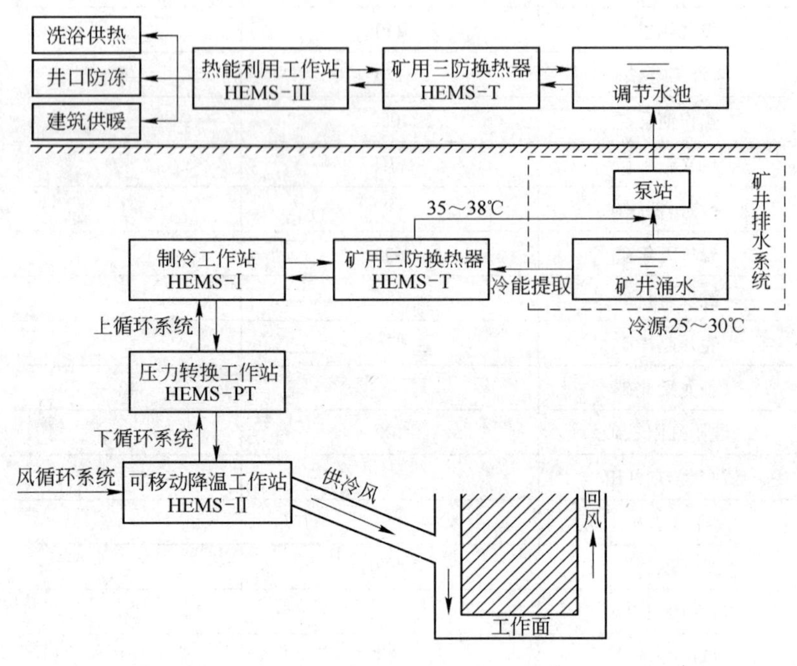

图 1-5　HEMS 技术工作原理

如果 HEMS 技术在全国煤矿进行推广使用，就可以较大程度地减少煤炭的燃烧，减少二氧化碳气体的排放，从而有助于兑现我国在联合国气候变化峰会开幕式上做出的减排二氧化碳气体的相关承诺。

1.3 矿井涌水作为地热资源利用所遇到的问题

矿井涌水为 HEMS 系统提供源源不断的冷/热能，是 HEMS 技术应用中的关键。矿井涌水作为地热资源，在利用过程中会遇到以下两个主要的技术问题：一是矿井涌水的水质问题，二是矿井涌水的水温问题。

1.3.1 矿井涌水的水质问题

矿井涌水受煤系地层和煤层充水含水层的物化性能、矿压环境状况以及采煤活动影响，水质往往达不到排放或利用标准。

矿井涌水本身的水质主要受当地的地质年代、地质构造、各种煤系伴生矿物成分、所在地区的环境条件等因素的影响。不同矿井涌水的水质有很大差异，表 1-5 列举了我国北方部分煤矿矿井涌水的水质状况。一般而言，矿井涌水的基本水质应与当地地下水水质相符。但因流经采掘工作区时因必然发生的水岩、水煤作用，而带入了大量的煤粉和岩粉等悬浮颗粒，故矿井涌水具有高悬浮物和高矿化度的特性，可析出易溶物质，甚至含重金属或毒性物质。对于开采高硫煤的矿井，由于所夹带的硫铁矿的氧化分解作用，矿井涌水还会呈现酸性或高铁性。由于矿工在井下的生产生活活动，还可使矿井涌水带有较多的细菌。另外，微生物的生化作用对矿井涌水的影响也不容忽视。

表 1-5 我国北方部分煤矿矿井涌水的水质状况[33]

参 数	杨村煤矿	北京 大安山矿西 平硐矿井	淮北 朔里煤矿	平煤二矿
颜色	黑色		—	
混浊度		10	—	浑浊

续表 1-5

参 数	杨村煤矿	北京 大安山矿西 平硐矿井	淮北 朔里煤矿	平煤二矿
气味	弱臭味			无
pH 值	7.54	7.9	8.25	7.0
蒸发残渣/$mg \cdot L^{-1}$		304		
总硬度/$mg \cdot L^{-1}$		227	296	285.5
总碱度/$mg \cdot L^{-1}$		221		245
挥发性酚/$mg \cdot L^{-1}$	0.0032		—	未检出
氰化物/$mg \cdot L^{-1}$	0.01		<0.004	—
F^-/$mg \cdot L^{-1}$	1.47		<0.2	0.6
Cl^-/$mg \cdot L^{-1}$		3.7	207.5	33.95
SO_4^{2-}/$mg \cdot L^{-1}$		24	555.21	245
S^{2-}/$mg \cdot L^{-1}$	0.771			
高锰酸钾指数/$mg \cdot L^{-1}$	2.27	1.19	2.12	
NH_3-N/$mg \cdot L^{-1}$	—	—	—	
NO_2-N/$mg \cdot L^{-1}$	—	未检出	<0.069	
铜/$mg \cdot L^{-1}$	0.036		<0.1	
锌/$mg \cdot L^{-1}$	0.05		—	
砷/$mg \cdot L^{-1}$	未检出		<0.007	
汞/$mg \cdot L^{-1}$			<0.004	未检出
铅/$mg \cdot L^{-1}$	0.06		<0.01	—
镉/$mg \cdot L^{-1}$	0.0032	—	<0.01	未检出
硒/$mg \cdot L^{-1}$	—	—		未检出
Cr^{6+}/$mg \cdot L^{-1}$	0.031		<0.004	
大肠杆菌/个·mL^{-1}	723800	2	>23800	240
细菌总数/个·mL^{-1}		51	36000	2380

我国矿井涌水的特点是排放量大，但毒性一般较低或无毒性，多呈中性，污染物以悬浮物（岩粉和煤粉）为主。各地矿井涌水水质指标相差比较大。按照对环境的影响程度以及作为生活饮用水水源的要求，习惯上将矿井涌水按水质特征分为洁净矿井水、含悬浮物矿井水、高矿化度矿井水（又称矿井苦咸水）、酸性矿井水以及含有毒有害物质矿井水（如高氟矿井水、含重金属矿井水、含放射性污染物矿井水、含有机污染物矿井水）等。此外，还有具有特殊资源价值的矿泉水和高温矿井水。

我国大部分煤矿的矿井涌水均具有颗粒杂质多、矿化度高、腐蚀性高等特点，因此，以往在利用矿井涌水热能或冷能的系统中必定存在水处理净化环节，即矿井涌水均需要先经过较为复杂的物理和化学等处理过程，达到水源热泵对水源的水质要求后方可进入，否则就会造成水源热泵机组的损坏，导致其不能正常工作。水处理净化工程由于其工艺方法的限制，其设备均较为庞大，占地面积较大，高度较高，一般不能适应巷道、硐室等狭小的空间，从而导致整个热能或冷能利用系统能量损失大、投资大、工艺复杂、施工难度高。

鉴于上述现有技术的缺点和不足，中国矿业大学（北京）何满潮教授发明了一种专门针对矿井涌水的矿用三防换热器，其允许具有颗粒杂质多、矿化度高、腐蚀性高等特点的矿井涌水不经过水处理净化环节即可直接进入该设备，省去了整个热能或冷能利用系统中较为复杂、庞大的水处理净化工艺，简化了处理过程，提高了矿井涌水热能或冷能利用率。由于省去了以往矿井涌水利用前的净化处理过程，故缩减了费用开支，同时也简化了安装过程。

矿用三防换热器可使换热管束中的矿井涌水与壳体内的工业用水进行能量交换，同时，利用壳体内横截面方向顺序排列的折流环对工业用水水流进行阻挡和方向限制，从而不断产生扰流，减薄层流边界层，降低水流速度，进而保证水流与换热管束外壁充分、均匀接触，使能量交换均匀、可靠，故换热效率高、换热速度快。其结构剖面如图 1-6 所示。

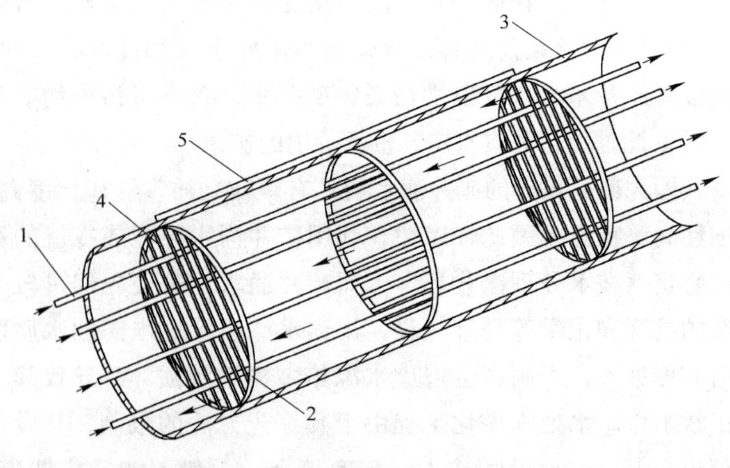

图 1-6　矿用三防换热器结构剖面图

1—换热管束；2—折流环；3—壳体；4—折流杆；5—定位杆

该矿用三防换热器具有以下特点：

（1）具有防堵功能。煤矿涌水中杂质很多，颗粒不大于 10mm 的杂质均可从其中通过。

（2）具有防污功能。流体顺着管束流动时，遇到折流杆就会产生扰流，遇到下一个折流杆再次产生扰流，如此多次扰动既减薄了层流边界层，也对设备内部进行了自动清洁和洗刷，使腐蚀结垢现象大大降低，从而延长了清洗、维护周期。

（3）具有防腐功能。换热管束使含有腐蚀性离子（如 Cl^- 离子）的矿井涌水不经过水处理净化环节，就直接进入该设备，更充分利用了水中的能量，从而减少了能量损失，增强了传热效果。

（4）整个设备体积小、重量轻，容易进入巷道、硐室等狭小的空间使用。

（5）具有防爆功能和可以下井的特点。

1.3.2 矿井涌水的流量和温度问题

矿井涌水的温度和流量是决定 HEMS 技术是否可行以及 HEMS 系统运行效率高低的两个关键性因素。

通常在应用 HEMS 技术前，要分别计算所需冷负荷或热负荷以及矿井涌水可提供的冷能或热能，如果可提供的能量满足负荷要求，则 HEMS 技术可行，否则不可行。

在进行工艺设计前，首先要进行负荷计算，即计算所需冷负荷或热负荷，并与矿井涌水可提供的冷能或热能进行比较，如果所提供的冷能或热能可以满足所需冷负荷或热负荷，则可继续进行工艺设计，否则要看所提供的冷能或热能可以满足哪部分所需冷负荷或热负荷，然后再有选择地进行工艺设计。总而言之，矿井涌水所提供的冷能或热能必须满足所需冷负荷或热负荷。

矿井涌水可提供满足负荷的能量，但不能满足换热器一次侧流量所需，流量相对偏小时，需要通过混水的方法，即将换热器一次侧部分出水与矿井涌水混合来满足换热器的流量所需。在实际工程设计及应用中，一般采取混水方法即可解决流量偏小的问题。

矿井涌水的温度是一个固定值，它与流量共同决定着可以从矿井涌水中提取的能量，在流量可人为地通过混水方法解决后，矿井涌水的温度就显得尤为重要，它也在一定程度上决定着工艺系统的可行性。

图 1-7 说明了混水时流量与温度之间的关系。

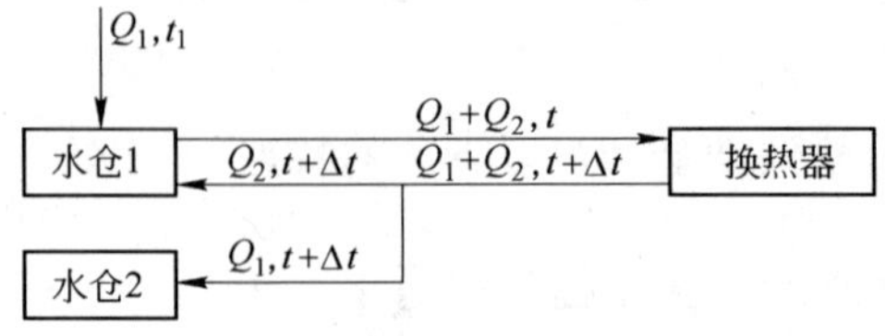

图 1-7 混水时流量与温度关系示意图

Q_1—矿井涌水流量；t_1—矿井涌水温度；Q_2—混水量；

t—换热器进水温度；Δt—换热器温差

根据能量平衡原理，可列出下式

$$Q_1t_1+Q_2(t+\Delta t)=(Q_1+Q_2)t \tag{1-1}$$

将式(1-1)展开,可得

$$Q_1t_1+Q_2t+Q_2\Delta t=Q_1t+Q_2t \tag{1-2}$$

变换方程式可得

$$t=\frac{Q_1t_1+\Delta tQ_2}{Q_1} \tag{1-3}$$

从式（1-3）可以看出，换热器的进水温度可通过已知量 Q_1、t_1、Q_2、Δt 计算得出。

1.4 本书的内容与结构

本书通过收集我国不同区域地温梯度随深度变化的资料，分析了千米深井地温梯度变化规律，结合我国煤炭分布特征，分析了 1000m、800m 和 600m 深含煤地层的地温场分布特征，为千米内矿井涌水温度范围的研究提供可靠依据。根据典型高地温矿井——夹河矿 200～1200m 深煤系地层大量地温实测资料的分析，进一步研究了夹河矿深部地温场的分布规律，总结出夹河矿深部地温场及地温梯度的变化趋势及规律。通过对夹河矿深部采场热源分析，讨论了其深部采场热交换的影响因素，通过将深部采场考虑辐射时的模拟结果与实测结果对比，初步判断深部采场热环境评价应考虑三种热传导方式，进而推导出考虑导热、对流和辐射共同作用时深部地层的热传导微分方程。针对煤矿向深部发展后温度急剧升高的特点，将深井热害通过热能采集及利用系统变废为宝，但同时发现整个系统性能除了受压缩机性能、水源热泵机组的工质、水源的水质以及水源的供水稳定性等客观因素的影响外，矿井涌水温度对水源热泵的制热量及 COP 值影响较大，进而分析了不同进水温度和提取温差对水源热泵性能的影响，确定了其最优运行参数，解决了其中的技术难题。深部地层热害资源化利用技术的推广，不可避免地要与传统燃煤锅炉技术进行比较，在对比 5 个不同纬度地区 1000m、800m 和 600m 深矿井涌水温度范围的基础上，对这 5 个地区的矿井涌水温度与煤炭价格平衡点进行了经济性分析。

2 我国千米深度地温场分布特征研究

2.1 地温场及地温梯度基本概念

人类对地球的认识，可追溯到远古时代，那时，人们认为地球中心是一团熊熊烈火，时常在这里或那里冲破地壳而出，并以熔岩的形式从地球深处送出可见到的信息。人类这种对地球中心是火的认识一直延续到中世纪的笛卡儿[55]时代，从那时人类才开始从力学的角度来研究地球的演化。笛卡儿将地球与恒星作比较，试图以此推断出地球的演化过程，从而为我们现在认识地球内部状况提供了线索。莱布尼兹[56]认为，地球的中心是一团处于深触状态的热物质，而地壳是在地球冷却过程中形成的。牛顿[57]则根据地球的形状是一个围绕其轴旋转的扁球体这一事实，认为地球乃由溶触热物质演化而成。牛顿时代之后，还有许多学者将地球的演化历史与其表面特征联系起来。

针对地球起源问题，人类直到 18 世纪末期，才由巴芬[58]创造性地发起了对地球起源问题的讨论。巴芬为了模拟地球的热演化，做了赤道铁球逐渐冷却的实验，并首次计算出地球的热演化历史。他通过采用这种对比法，推断出地球处于赤道状态达 3000 年之久，经过 74800 年后，地球才逐渐冷却到现今适中的温度。按照巴芬的模式，地球冷却过程还在继续，再过 93000 年，地球应会达到水的结冰温度。

法国数学家傅里叶对热理论的研究奠定了现代热学研究的基础，并开拓了认识地球内部热状况的新途径[59]。1822 年，傅里叶在研究固体导热现象时提出了傅里叶定律[60]，即单位时间内传递的热量（Q）与温度梯度（grad$t$）及垂直于导热方向的截面积（F）成正比，其关系式如下

$$Q = -\lambda \mathrm{grad} t F \tag{2-1}$$

对于单位面积而言，热流密度（q）为

$$q = \frac{Q}{F} = -\lambda \mathrm{grad} t \tag{2-2}$$

上述式中的比例系数 λ 称为导热系数，或称为热导率。

以现代地热学理论而言，假设地球内部有一团火，而在外壳较冷的情况下，很显然会得出地球的温度随深度增加而升高的结论，这是一种物理的必然性。即便如此，在大约 17 世纪中叶之前，许多学者仍不接受此观点。后来，通过人类采矿实践活动不断表明，地球的温度确实是普遍随着深度的增加而升高的。但在 19 世纪后，当第一本关于地球地热学的重要著作《地球的物理学》出版之后，理论物理学家帕罗特对此提出了异议，因为他在观察海洋中温度时，发现温度随深度而降低。但是，不久这个事实便被否定，因海洋底部的温度可能处处均与水的最大密度相当，该发现也被用作温度普遍升高的证据。

与地球的电场、重力场、磁场一样，地温场也是重要的物理场之一[61]。

地温场与时空密切相关，其主要受空间位置和时间的影响，可看做是时间域与空间域上的函数。可表示为

$$T = T(x, y, z, t, R) \tag{2-3}$$

式中 x，y，z——空间坐标；

t——时间；

R——岩石特性。

若温度不随时间变化，即$\frac{\partial T}{\partial t}=0$，则 $T = T(x, y, z, R)$，

称为稳态温度场。

地球内部的热能通过岩层传导和地热流体对流作用不断向地球表面散失，热流方向总是垂直于地面，以大地热流值表征热流状况，其定义为单位时间内通过地球表面单位面积的热流量。该值是一个非常重要的综合性参数，是地球内热在地表唯一可以测量的物理量，比其他地热参数更能确切地反映某个地区地温场的特点[62]。实际应用中，按下式进行计算，即

$$q = -100K_r\frac{\mathrm{d}T}{\mathrm{d}z} \tag{2-4}$$

式中 q——大地热流，通常缩写为 HFU（heat flow unit），μJ/(cm^2·s)；

K_r——岩石热导率，J/(cm·s·℃)；

$\frac{\mathrm{d}T}{\mathrm{d}z}$——地温梯度，负号表示垂向坐标指向地表时为正，℃/hm；

T——温度，℃；

z——深度，m。

在任一瞬时，连接场内相同温度值的各点，就得到此时刻的等温面。沿等温面切向，温度不变；而垂直等温面的法向，温度的变化率最大。表示一点最大增温率的矢量，称为温度梯度，即

$$\nabla \boldsymbol{T} = \boldsymbol{n}_0\frac{\partial T}{\partial n} = \boldsymbol{i}\,\frac{\partial T}{\partial x} + \boldsymbol{j}\,\frac{\partial T}{\partial y} + \boldsymbol{k}\,\frac{\partial T}{\partial z} \tag{2-5}$$

式中 $\boldsymbol{n}_0$——单位矢量，沿等温面的法线指向增温方向。

根据国内外不完全统计资料表明，地壳浅层 7km 以内，其温度分布大致可分为变温带、恒温带和增温带三类。变温带位于恒温带以上，主要是受到太阳辐射影响的结果。由于太阳辐射到地表的能量随时间做周期变化，所以变温带实际上是一个

准稳态温度场，其特征是温度随时间而发生周期变化。恒温带是由于太阳辐射热影响减弱，地球内部热量和变温带影响在这一带达到相对平衡的结果，其特征是温度保持在某一数值，实际上是一个均匀分布的温度场。恒温带深度一般约为15～30m，温度约高于当地的年平均气温1～2℃。增温带是由于受到地球内部热量作用的结果，其特征是温度稳定地向地球中心方向递增，不随时间而变化，是一个稳态温度场[61]。

大多数采矿工程都在地表以下数十米甚至数百米，一般均位于恒温带以下，因而，井下围岩的原始温度场往往具备增温带的变化特征，是一个稳态温度场，其温度稳定地向着地心方向递增，且不随时间而发生变化[63]。

2.2 中国地温分布的控制因素

区域地质构造和深部地壳结构对地温的高、低及分布形态起着主要控制作用。

2.2.1 区域地质构造的控制作用

区域地质构造对地温分布的控制作用主要表现在以下几个方面[64～68]：

（1）区域地质构造是该区地质历史发展的结果和现今所处构造环境的集中体现，因此，它反映了地质结构的组成和目前活动的程度，并能宏观地控制地温分布的特点。

（2）区域地质构造单元是以深大断裂及巨型构造带为分界线的，不同的构造单元其地质结构有很大差异，因此在两个不同的区域构造单元之间常有地温陡变带出现。

（3）在同一构造单元内部，亦有凸起、凹陷及其间的断裂分布，它们的组成及构造特征常常影响深部热量的传导、积累和散失，并对区域地温有明显的影响。

（4）断裂和深大断裂除作为地质体控制地温外，在某种情况下它尚可作为地下热流体循环对流的通道，从而形成较高地温分布区。

2.2.2 深部地壳结构的控制作用

深部地壳结构对地温分布的控制作用主要表现在以下几个方面[64,69~70]：

（1）地壳厚度与大区域地温分布有着密切关系。地壳薄地温高，地壳厚地温则渐低，地壳与地温成镜像关系。

（2）在全球板块碰撞或俯冲带，由于地壳岩石的重熔或幔源物质的上涌并侵入地壳浅部或形成火山喷发，故在这些地区常形成高地温带，带内呈众多类型的高温地热显示。

（3）通过对高地温分布带的水热流体及泉华和蚀变岩石的地球化学研究，可以获得区域深部地壳结构的信息。

2.3 中国地温分布的影响因素

岩石的热物理性质、火山活动、岩浆作用和地下水的活动等因素对地温的分布有着不容忽视的影响作用。

2.3.1 岩石性质的影响

中国岩石的类型十分复杂，其热导率也有着很大的差异，故在不同岩石的组合下，它们对地温的分布也起着不同的作用。

岩石的矿物组成、结构和构造都直接影响着岩石的热导率。例如，金属矿物和结晶盐岩、膏岩及石英都具有高的热传导能力；坚硬致密的岩石（灰岩、花岗岩、变质石英岩、石英岩等）同样具有较高的导热性；而煤炭、黏土、泥岩、页岩、粉砂质岩类等则具有较低的导热性。这些岩石的不同组合在不同的地区往往形成不同的地温分布特征：盆地中由于低热导率的岩石覆盖于高热导率的基底隆起之上，则有较高的地温分布；在山区，高热导率的岩石直接出露地表，因散热快而表现为低地温分布。在垂直方向上岩石热导率的高低则表现为地温梯度的大小差异上[64,71,72]。

岩石中 U、Th、^{40}K 的含量对地温分布亦可能产生一定的影响，如 U、Th、^{40}K 的含量大大超过正常含量的岩石，其蜕变产生热，可能提高区域地温场[64]。

2.3.2 火山活动与岩浆作用的影响

中国境内新生代火山活动并不少见。据资料显示，在台湾北部的大屯火山群可能有休眠火山存在。除此之外，在台湾和滇藏地区的板块边缘碰撞带上，地壳浅部也可能存在着岩浆活动[73]。因此，按火山与岩浆活动对地温的影响，可将其划分为以下两类[74]：第一类是地温分布可能与火山及岩浆活动无关的地区；第二类是地温分布与现代火山活动及岩浆作用有关的地区。

岩浆活动在一定地质及构造条件下，对地温的分布有着较大的影响，因此，利用岩浆活动或岩浆体的放热来解释某些地区的地温异常比较容易；但从岩浆活动的时间及其规模入手来分析时就遇到了困难。因此，对中国东部某些较高地温区与岩浆活动的关系尚需进一步研究[64]。

2.3.3 地下水活动的影响

地温的分布受着地下水活动的强烈干扰，无论在盆地还是在山区都有地下水干扰的明显痕迹[75]。

地下水对地温影响的程度取决于盆地的大小及其结构、构造破坏的程度、岩性以及地下径流条件、含水层的厚度、地形及地貌单元等因素[76~79]，一般在丘陵山区地质构造破坏强烈的地区影响较大；而在大型盆地的内部其影响微弱甚至消失，但在盆地边缘和浅部又较明显。

2.3.4 地形和降水的影响

地壳表面形态的高低起伏及降水对地温的影响，仅表现在地壳浅部数百米至一千米左右的深度范围内，它显示了明显的纬度分带性，这在土壤温度及潜水温度上有清楚的反映[80]。

低地温的形成应是地形特征、降水入渗、地下水径流及构造破碎共同作用的结果[81]。这种降低地温的影响随着地层深度的增加将会逐渐缩小，当达到一定深度时，上述因素的影响将会消失。这一深度大小取决于区域地质构造的特征。

2.3.5 温泉的影响

据不完全统计，中国有温泉 2500 余处，它们主要分布在丘陵山区及盆地边缘[64]。温泉的温度及其化学成分从一个侧面反映了地下某一深度的地层温度同岩石与水相互作用的关系[82]。

温泉的分布和形成一般均受地质构造的控制，而其温度的高低却由受相同构造控制因素制约的区域深部地温分布所决定[83]。高温分布区一般地质构造活动强烈，断裂较深，同时温泉区的地下热水的温度高，且水量大。因此可以认为，温泉的特征亦能反映区域地温分布的大致形貌。

2.4 我国地温梯度的分布特征

地温梯度是指在恒温带以下每增加 100m 深时地温的变化情

况。以前，常把恒温带以下每加深100m增温3℃作为全球平均地温梯度。实际上，通过大量的钻井测温研究表明，全球平均地温梯度小于3℃/100m[64]。中国所进行的研究证明绝大部分地区的地温梯度也都在3℃/100m以下。

中国的地温梯度在各地区是不同的。地温梯度的分布具有东部高、西部低、南部高、北部低的总趋势，这与地温分布的规律是一致的[84~90]。

地温随深度的增加而升高是地温分布的一个普遍规律[91]。但是，由于不同地区的地质构造条件、深部地壳结构及地下水活动等因素的影响，其表现的形式往往有很大不同[92~97]。

根据王钧、黄尚瑶和黄歌山等人的《中国地温分布的基本特征》中的相关地温曲线图[64]，整理列出了我国部分重要盆地及地区1000m内的地温及地温梯度统计数据，如表2-1~表2-14所示。

表2-1 松辽盆地地温及地温梯度统计表

地层深度/m	100	200	300	400	500	600	700	800	900	1000
最低地温值/℃	2.75	6.25	9.75	13.75	17.5	21	24	28	31.5	34.75
最高地温值/℃	12.5	17.5	22.5	27	31.5	36	41	45	49.5	54.25
地温平均值/℃	7.625	11.875	16.125	20.375	24.5	28.5	32.5	36.5	40.5	44.5
地层深度范围/m		100~200	200~300	300~400	400~500	500~600	600~700	700~800	800~900	900~1000
平均地温梯度/℃·hm^{-1}		4.3	4.3	4.3	4.1	4.0	4.0	4.0	4.0	4.0

表 2-2 华北盆地地温及地温梯度统计表

地层深度/m	100	200	300	400	500	600	700	800	900	1000
最低地温值/℃	—	19	21	23. 25	25. 5	28. 25	30. 5	33. 25	36	39
最高地温值/℃	—	23	27	30. 75	35	38. 75	43	47	51. 25	55. 5
地温平均值/℃	—	21	24	27	30. 25	33. 5	36. 75	40. 125	43. 625	47. 25
地层深度范围/m		100 ~ 200	200 ~ 300	300 ~ 400	400 ~ 500	500 ~ 600	600 ~ 700	700 ~ 800	800 ~ 900	900 ~ 1000
平均地温梯度/℃ · hm⁻¹		—	3. 0	3. 0	3. 3	3. 3	3. 3	3. 4	3. 5	3. 6

表 2-3 南阳盆地地温及地温梯度统计表

地层深度/m	100	200	300	400	500	600	700	800	900	1000
最低地温值/℃	15. 48	18. 61	21. 91	25. 22	28. 00	31. 30	34. 61	37. 57	40. 87	43. 65
最高地温值/℃	19. 13	22. 78	26. 43	30. 09	34. 26	38. 09	41. 91	46. 09	49. 91	54. 26
地温平均值/℃	17. 30	20. 70	24. 17	27. 65	31. 13	34. 70	38. 26	41. 83	45. 39	48. 96
地层深度范围/m		100 ~ 200	200 ~ 300	300 ~ 400	400 ~ 500	500 ~ 600	600 ~ 700	700 ~ 800	800 ~ 900	900 ~ 1000
平均地温梯度/℃ · hm⁻¹		3. 4	3. 5	3. 5	3. 5	3. 6	3. 6	3. 6	3. 6	3. 6

表 2-4 百色盆地地温及地温梯度统计表

地层深度/m	100	200	300	400	500	600	700	800	900	1000
最低地温值/℃	—	26. 96	29. 33	31. 85	34. 37	36. 89	39. 26	41. 33	44. 74	47. 41
最高地温值/℃	—	32. 59	35. 56	38. 52	41. 48	44. 44	47. 56	51. 11	53. 33	56. 30
地温平均值/℃	—	29. 78	32. 44	35. 19	37. 93	40. 67	43. 41	46. 22	49. 04	51. 85
地层深度范围/m		100 ~ 200	200 ~ 300	300 ~ 400	400 ~ 500	500 ~ 600	600 ~ 700	700 ~ 800	800 ~ 900	900 ~ 1000
平均地温梯度/℃ · hm⁻¹		—	2. 7	2. 7	2. 7	2. 7	2. 7	2. 8	2. 8	2. 8

表 2-5 三水盆地地温及地温梯度统计表

地层深度/m	100	200	300	400	500	600	700	800	900	1000
最低地温值/℃	—	—	—	27.85	29.93	33.04	36.15	38.22	42.22	44.15
最高地温值/℃	—	—	—	30.22	34.22	37.33	40.59	44.89	47.56	52.44
地温平均值/℃	—	—	—	29.04	32.07	35.19	38.37	41.56	44.89	48.30
地层深度范围/m		100 ~ 200	200 ~ 300	300 ~ 400	400 ~ 500	500 ~ 600	600 ~ 700	700 ~ 800	800 ~ 900	900 ~ 1000
平均地温梯度/℃ · hm^{-1}		—	—	—	3.0	3.1	3.2	3.2	3.3	3.4

表 2-6 江汉地区地温及地温梯度统计表

地层深度/m	100	200	300	400	500	600	700	800	900	1000
最低地温值/℃	15.53	18.12	20.24	22.82	25.41	28.00	31.06	33.65	36.00	39.76
最高地温值/℃	16.71	21.18	25.88	29.88	33.65	37.41	40.47	44.00	47.76	49.88
地温平均值/℃	16.12	19.65	23.06	26.35	29.53	32.71	35.76	38.82	41.88	44.82
地层深度范围/m		100 ~ 200	200 ~ 300	300 ~ 400	400 ~ 500	500 ~ 600	600 ~ 700	700 ~ 800	800 ~ 900	900 ~ 1000
平均地温梯度/℃ · hm^{-1}		3.5	3.4	3.3	3.2	3.2	3.1	3.1	3.1	2.9

表 2-7 鄂尔多斯盆地地温及地温梯度统计表

地层深度/m	100	200	300	400	500	600	700	800	900	1000
最低地温值/℃	10.00	12.00	13.75	16.00	18.50	20.75	23.25	25.75	28.50	31.00
最高地温值/℃	15.00	18.00	21.25	24.25	27.25	30.75	34.00	37.25	40.50	44.25
地温平均值/℃	12.50	15.00	17.50	20.13	22.88	25.75	28.63	31.50	34.50	37.63
地层深度范围/m		100 ~ 200	200 ~ 300	300 ~ 400	400 ~ 500	500 ~ 600	600 ~ 700	700 ~ 800	800 ~ 900	900 ~ 1000
平均地温梯度/℃ · hm^{-1}		2.5	2.5	2.6	2.8	2.9	2.9	2.9	3.0	3.1

表 2-8 四川盆地地温及地温梯度统计表

地层深度/m	100	200	300	400	500	600	700	800	900	1000
最低地温值/℃	—	17. 39	19. 13	20. 87	22. 61	24. 35	27. 13	28. 87	31. 30	34. 09
最高地温值/℃	—	21. 57	24. 70	28. 17	32. 00	35. 83	38. 96	43. 13	46. 96	50. 43
地温平均值/℃	—	19. 48	21. 91	24. 52	27. 30	30. 09	33. 04	36. 00	39. 13	42. 26
地层深度范围/m		100 ~ 200	200 ~ 300	300 ~ 400	400 ~ 500	500 ~ 600	600 ~ 700	700 ~ 800	800 ~ 900	900 ~ 1000
平均地温梯度/℃ · hm^{-1}		—	2. 4	2. 6	2. 8	2. 8	3. 0	3. 0	3. 1	3. 1

表 2-9 柴达木盆地地温及地温梯度统计表

地层深度/m	100	200	300	400	500	600	700	800	900	1000
最低地温值/℃	11. 43	14. 10	16. 38	19. 05	22. 10	24. 38	26. 29	28. 95	32. 38	35. 05
最高地温值/℃	19. 05	21. 33	24. 00	26. 67	28. 95	32. 00	35. 81	38. 86	41. 52	45. 33
地温平均值/℃	15. 24	17. 71	20. 19	22. 86	25. 52	28. 19	31. 05	33. 90	36. 95	40. 19
地层深度范围/m		100 ~ 200	200 ~ 300	300 ~ 400	400 ~ 500	500 ~ 600	600 ~ 700	700 ~ 800	800 ~ 900	900 ~ 1000
平均地温梯度/℃ · hm^{-1}		2. 5	2. 5	2. 7	2. 7	2. 7	2. 9	2. 9	3. 0	3. 2

表 2-10 河西走廊地区地温及地温梯度统计表

地层深度/m	100	200	300	400	500	600	700	800	900	1000
最低地温值/℃	8. 64	9. 77	12. 27	14. 32	17. 05	19. 09	20. 45	22. 27	25. 23	27. 27
最高地温值/℃	10. 68	14. 55	17. 05	20. 00	22. 73	26. 14	30. 23	33. 86	36. 59	40. 45
地温平均值/℃	9. 66	12. 16	14. 66	17. 16	19. 89	22. 61	25. 34	28. 07	30. 91	33. 86
地层深度范围/m		100 ~ 200	200 ~ 300	300 ~ 400	400 ~ 500	500 ~ 600	600 ~ 700	700 ~ 800	800 ~ 900	900 ~ 1000
平均地温梯度/℃ · hm^{-1}		2. 5	2. 5	2. 5	2. 7	2. 7	2. 7	2. 7	2. 8	3. 0

表 2-11 塔里木盆地地温及地温梯度统计表

地层深度/m	100	200	300	400	500	600	700	800	900	1000
最低地温值/℃	14.75	16.50	19.00	20.75	22.25	24.25	26.50	29.50	31.50	34.25
最高地温值/℃	22.00	24.50	26.25	29.00	32.00	34.75	37.25	39.00	41.75	43.75
地温平均值/℃	18.38	20.50	22.63	24.88	27.13	29.50	31.88	34.25	36.63	39.00
地层深度范围/m		100 ~ 200	200 ~ 300	300 ~ 400	400 ~ 500	500 ~ 600	600 ~ 700	700 ~ 800	800 ~ 900	900 ~ 1000
平均地温梯度/℃ · hm^{-1}		2.1	2.1	2.3	2.3	2.4	2.4	2.4	2.4	2.4

表 2-12 准噶尔盆地地温及地温梯度统计表

地层深度/m	100	200	300	400	500	600	700	800	900	1000
最低地温值/℃	—	—	—	—	—	—	—	26.13	28.00	30.67
最高地温值/℃	—	—	—	—	—	—	—	30.67	33.60	35.73
地温平均值/℃	—	—	—	—	—	—	—	28.40	30.80	33.20
地层深度范围/m		100 ~ 200	200 ~ 300	300 ~ 400	400 ~ 500	500 ~ 600	600 ~ 700	700 ~ 800	800 ~ 900	900 ~ 1000
平均地温梯度/℃ · hm^{-1}		—	—	—	—	—	—	—	2.4	2.4

表 2-13 台湾地区地温及地温梯度统计表

地层深度/m	100	200	300	400	500	600	700	800	900	1000
最低地温值/℃	15.15	17.88	20.61	23.64	26.97	29.09	32.73	35.15	38.48	42.12
最高地温值/℃	19.39	23.03	26.97	30.61	33.94	38.48	41.52	45.76	49.09	52.12
地温平均值/℃	17.27	20.45	23.79	27.12	30.45	33.79	37.12	40.45	43.79	47.12
地层深度范围/m		100 ~ 200	200 ~ 300	300 ~ 400	400 ~ 500	500 ~ 600	600 ~ 700	700 ~ 800	800 ~ 900	900 ~ 1000
平均地温梯度/℃ · hm^{-1}		3.2	3.3	3.3	3.3	3.3	3.3	3.3	3.3	3.3

表 2-14 中国南部海域地温及地温梯度统计表

地层深度/m	100	200	300	400	500	600	700	800	900	1000
最低地温值/℃	25. 11	27. 78	30. 44	32. 89	36. 22	38. 67	40. 89	44. 44	47. 33	50. 44
最高地温值/℃	28. 67	32. 00	35. 33	38. 89	41. 56	45. 33	49. 33	52. 00	55. 56	59. 11
地温平均值/℃	26. 89	29. 89	32. 89	35. 89	38. 89	42. 00	45. 11	48. 22	51. 44	54. 78
地层深度范围/m		100 ~ 200	200 ~ 300	300 ~ 400	400 ~ 500	500 ~ 600	600 ~ 700	700 ~ 800	800 ~ 900	900 ~ 1000
平均地温梯度/℃ · hm^{-1}		3. 0	3. 0	3. 0	3. 0	3. 1	3. 1	3. 1	3. 2	3. 3

根据表 2-1 ~ 表 2-14 中平均地温梯度的数据，可绘制出地温梯度变化曲线图，如图 2-1 ~ 图 2-14。

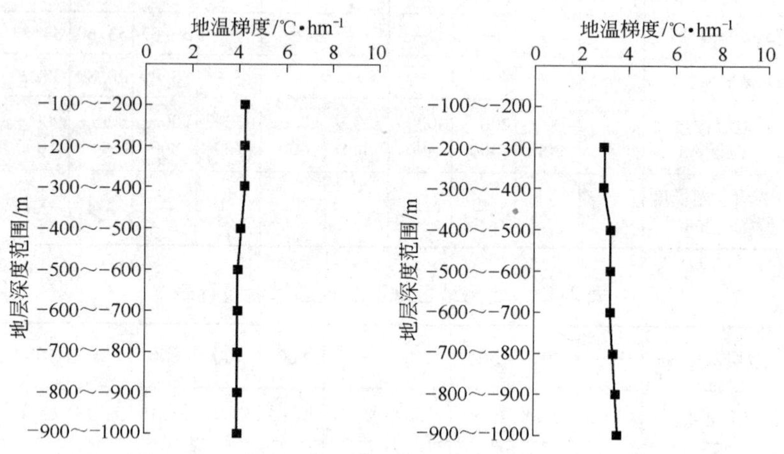

图 2-1 松辽盆地地温梯度曲线图

图 2-2 华北盆地地温梯度曲线图

从图 2-1 ~ 图 2-14 可以看出，我国 1000m 以内的地温梯度变化较小，基本上是呈线性分布的。

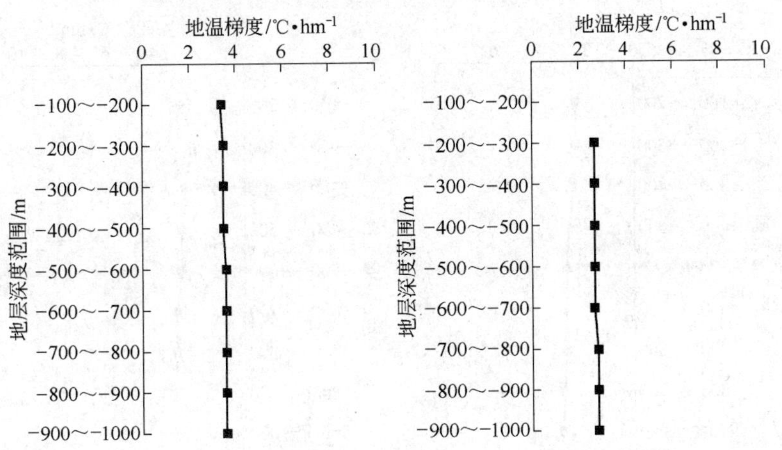

图 2-3　南阳盆地地温梯度曲线图

图 2-4　百色盆地地温梯度曲线图

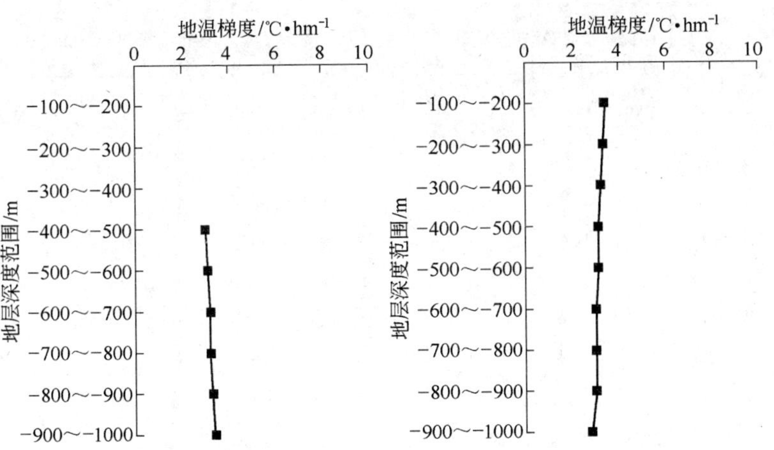

图 2-5　三水盆地地温梯度曲线图

图 2-6　江汉地区地温梯度曲线图

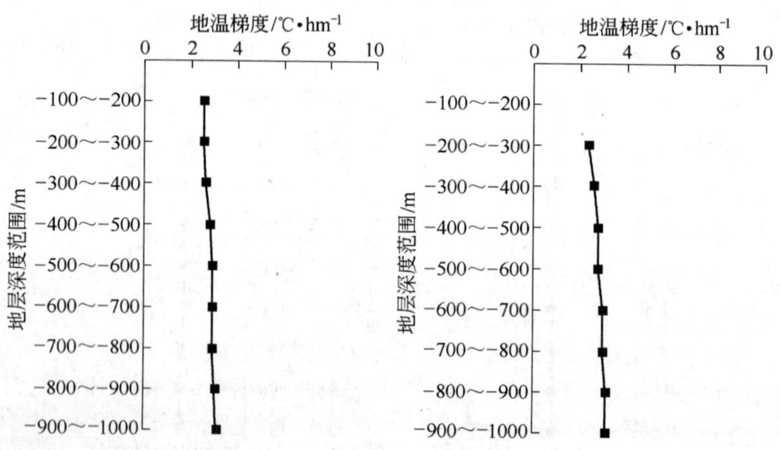

图 2-7　鄂尔多斯盆地地温梯度曲线图

图 2-8　四川盆地地温梯度曲线图

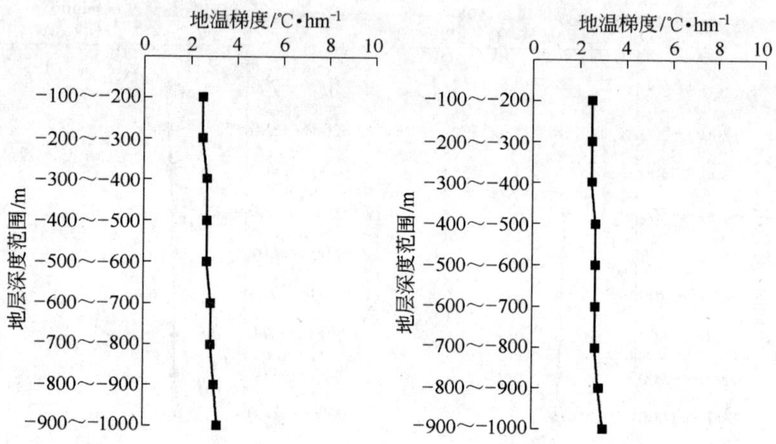

图 2-9　柴达木盆地地温梯度曲线图

图 2-10　河西走廊地区地温梯度曲线图

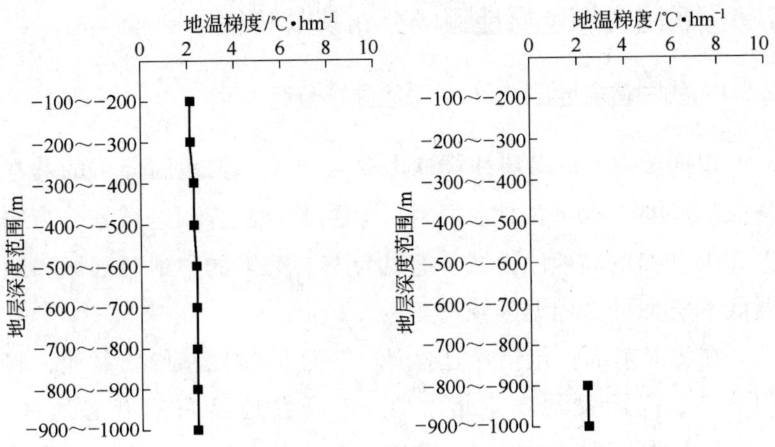

图 2-11　塔里木盆地地温梯度曲线图

图 2-12　准噶尔盆地地温梯度曲线图

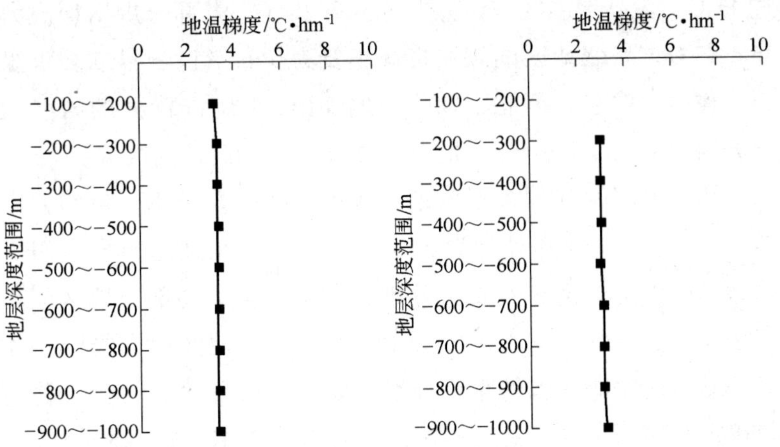

图 2-13　台湾地区地温梯度曲线图

图 2-14　中国南部海域地温梯度曲线图

2.5 我国含煤地层地温场分布及其特征

2.5.1 我国含煤地层1000m深地温场分布

根据王钧、黄尚瑶和黄歌山等人的《中国地温分布的基本特征》中的1000m深地温资料[64]，可将我国煤田区域划分为地温高于45℃的高地温区域、地温为35～45℃的中地温区域和地温低于35℃的低地温区域三类。

在我国东部，包括松辽盆地、下辽河盆地、华北盆地、鄱阳盆地、南阳盆地、苏北盆地、信盱盆地及东南沿海地区，1000m深处地温一般在40～45℃之间。其中以松辽盆地和华北盆地、东南沿海地区的南部等地区地温最高；有些地区最高可达60～70℃以上。东北地区的煤炭资源主要为晚侏罗世－早白垩世煤田，位于松辽盆地周围的黑龙江、吉林部分煤田地温超过45℃，为高地温区域，黑龙江东部和辽宁大部分煤田地温为35～45℃；华北地区的煤炭资源主要为晚石炭世－早二叠世煤田，鲁西、豫东、苏北、皖北等地煤田，1000m深处的岩温大部分高于40℃，部分煤田地温超过45℃，为高地温区域。

我国中部的鄂尔多斯盆地、四川盆地以及云南、贵州、广西等地区，1000m深处地温为35～40℃，最高地温出现在四川盆地的中南部、南宁及百色盆地、南盘江盆地的部分地区，其1000m深处地温可高达50℃以上。我国中部地区煤炭资源主要为鄂尔多斯盆地周围的早中侏罗世煤田，云贵地区的晚二叠世煤田，其中鄂尔多斯盆地周围的大部分煤田1000m深处地温为35～40℃，云贵地区煤田地温局部大于45℃，为高地温区域，其余大部分为40～45℃。

我国西部的柴达木盆地和河西走廊地区，1000m深处地温在35～45℃之间，局部地区可达到45℃以上；而塔里木盆地、准噶尔盆地的地温则偏低一些，1000m深处地温降到30～35℃，甚至在25～30℃之间。东海中的台湾岛，1000m深处地温一般多在40～50℃。除此之外多为低温分布区，一般在30℃左右。我国西部煤炭资源主要为早中侏罗世煤田，主要位于新疆、宁夏和青海，在柴达木盆地和河西走廊零星有煤田地温超过45℃，而塔里木盆地局部地温也超过35℃。

2.5.2 我国含煤地层800m深地温场分布

根据各地相关部门的钻孔测温数据，不同深度的地温可按下式进行计算

$$T_{H1}=T_{H2}+GH \tag{2-6}$$

式中 T_{H1}——H_1处的地温,℃；

T_{H2}——H_2处的地温,℃；

G——地温梯度,℃/hm；

H——地层深度，m。

现已知1000m深处的地温，根据式（2-6）计算800m深处的地温，则有

$$T_{800}=T_{1000}-G_1H-G_2H \tag{2-7}$$

式中 T_{800}——800m深处的地温,℃；

T_{1000}——1000m深处的地温,℃；

G_1——900～1000m深地温梯度,℃/hm；

G_2——800～900m深地温梯度,℃/hm；

H——地层深度，m，取$H=100$m。

结合表2-1～表2-14中1000m深处的平均地温梯度统计数据，利用式（2-7）可计算出中国不同地区800m深处的地温。

松辽盆地：$T_{800}=T_{1000}-8$,℃；

华北盆地：$T_{800}=T_{1000}-7.1$，℃；

南阳盆地：$T_{800}=T_{1000}-7.2$，℃；

百色盆地：$T_{800}=T_{1000}-5.6$，℃；

三水盆地：$T_{800}=T_{1000}-6.7$，℃；

江汉地区：$T_{800}=T_{1000}-6$，℃；

鄂尔多斯盆地：$T_{800}=T_{1000}-6.1$，℃；

四川盆地：$T_{800}=T_{1000}-6.2$，℃；

柴达木盆地：$T_{800}=T_{1000}-6.2$，℃；

河西走廊：$T_{800}=T_{1000}-5.8$，℃；

塔里木盆地：$T_{800}=T_{1000}-4.8$，℃；

准噶尔盆地：$T_{800}=T_{1000}-4.8$，℃；

台湾地区：$T_{800}=T_{1000}-6.6$，℃；

中国南部海域：$T_{800}=T_{1000}-6.5$，℃。

根据以上关系式，即可得到我国主要煤炭分布区内800m深处各地温区域分布。

在我国东部，包括松辽盆地、下辽河盆地、华北盆地、鄱阳盆地、南阳盆地、苏北盆地、信盱盆地及东南沿海地区，800m深处地温多在20~35℃之间。其中松辽盆地的中部小范围、华北盆地大部分、南阳盆地以及东南沿海等地区地温较高，在35~40℃之间，而东南沿海地区靠近东南海部分地温最高，超过45℃。

我国中部的鄂尔多斯盆地、四川盆地以及云南、贵州、广西等地区，800m深处地温为30~35℃之间。最高地温出现在四川盆地的中南部，其地温在45℃以上。另外，鄂尔多斯盆地周围的大部分煤田800m深处地温在30~35℃之间，云贵地区煤田地温大部分在35~40℃之间。

我国西部的柴达木盆地和河西走廊地区，800m深处地温在

30 ~35℃之间，局部地区可达到 40℃以上；而塔里木盆地、准噶尔盆地的地温则偏低一些，其 800m 深处地温降到 25 ~30℃，甚至在 20 ~25℃之间。东海中的台湾岛，800m 深处地温一般多在 35 ~45℃。西部的柴达木盆地和河西走廊地区零星有煤田地温超过 35℃。

2.5.3 我国含煤地层 600m 深地温场分布

现已知 1000m 深处的地温，根据式（2-6）计算 600m 深处的地温，则有

$$T_{600} = T_{1000} - G_1 H - G_2 H - G_3 H - G_4 H \tag{2-8}$$

式中 T_{600}——600m 深处的地温,℃；

T_{1000}——1000m 深处的地温,℃；

G_1——900 ~1000m 深地温梯度,℃/hm；

G_2——800 ~900m 深地温梯度,℃/hm；

G_3——700 ~800m 深地温梯度,℃/hm；

G_4——600 ~700m 深地温梯度,℃/hm；

H——地层深度，m，取 $H=100$m。

结合表 2-1 ~ 表 2-14 中 1000m 深处的平均地温梯度统计数据，利用式（2-8）可计算出中国不同地区 600m 深处的地温。

松辽盆地：$T_{600} = T_{1000} - 16$,℃；

华北盆地：$T_{600} = T_{1000} - 13.8$,℃；

南阳盆地：$T_{600} = T_{1000} - 14.4$,℃；

百色盆地：$T_{600} = T_{1000} - 11.1$,℃；

三水盆地：$T_{600} = T_{1000} - 13.1$,℃；

江汉地区：$T_{600} = T_{1000} - 12.2$,℃；

鄂尔多斯盆地：$T_{600} = T_{1000} - 11.9$,℃；

四川盆地：$T_{600} = T_{1000} - 12.2$,℃；

柴达木盆地：$T_{600}=T_{1000}-12$,℃；

河西走廊：$T_{600}=T_{1000}-11.2$,℃；

塔里木盆地：$T_{600}=T_{1000}-9.6$,℃；

准噶尔盆地：$T_{600}=T_{1000}-9.6$,℃；

台湾地区：$T_{600}=T_{1000}-13.2$,℃；

中国南部海域：$T_{600}=T_{1000}-12.7$,℃。

根据以上关系式，即可得到我国主要煤炭分布区内600m深处各地温区域分布。

在我国东部，包括松辽盆地、下辽河盆地、华北盆地、鄱阳盆地、南阳盆地、苏北盆地、信盱盆地及东南沿海地区，600m深处地温多在20～30℃之间。其中松辽盆地的极小范围、南阳盆地的中部以及东南沿海靠近东南海部分等地区地温较高，在35℃以上，但其范围相对于800m深处的要减少许多。

我国中部的鄂尔多斯盆地、四川盆地以及云南、贵州、广西等地区，600m深处地温为25～30℃之间。最高地温仍出现在四川盆地的中南部，其地温在40℃以上。另外，鄂尔多斯盆地周围的大部分煤田600m深处地温在25～30℃之间，云贵地区煤田地温大部分在30～35℃之间。

我国西部的柴达木盆地和河西走廊地区，600m深处地温在25～30℃之间，极小部分地区可达到35℃以上；塔里木盆地、准噶尔盆地的地温在600m深处大多为20～25℃，部分在15～20℃之间。东海中的台湾岛，600m深处地温一般多在25～35℃。西部的柴达木盆地和河西走廊零星有煤田地温超过35℃。

结　语

本章通过对我国地温场分布控制和影响因素及地温梯度分

布特征进行分析研究，得出了我国1000m内地温梯度的分布规律；分析了我国含煤地层1000m、800m和600m深处地温分布特征，从而可为1000m内矿井涌水水温范围的研究提供可靠依据。通过分析研究，可获得以下结论：

（1）我国地温分布的特征受诸多因素的控制和影响。区域地质构造和深部地壳结构对地温的高、低及分布形态起着主要控制作用，岩石的热物理性质、火山活动和岩浆作用以及地下水的活动等因素对地温的分布有着重要的影响。

（2）我国不同地区之间的地温梯度变化很大，它取决于区域地质构造、地壳深部结构、岩浆作用及构造活动性等因素。其分布具有东部高、西部低、南部高、北部低的特征，即与地温分布的规律是一致的。

（3）我国千米深度的地温梯度变化较小，基本上是呈线性分布的。

（4）我国含煤地层在1000m深处地温达到或超过45℃的有松辽盆地东部及中部部分地区、华北盆地中部、南部海域沿海地区、四川盆地西部、柴达木盆地中部以及准噶尔盆地中部，分布范围较少；1000m深处地温在35～45℃之间的有松辽盆地中部大部分及南部、华北盆地大部分、江汉地区、南部海域大部分、四川盆地大部分、鄂尔多斯盆地、柴达木盆地边缘地区、塔里木盆地以及准噶尔盆地大部分，分布范围很广。

（5）我国含煤地层在800m深处地温达到或超过45℃的地区范围明显小于1000m深处地层；800m深处地温在35～45℃之间地区范围也有所缩小，仅有松辽盆地中部、华北盆地、江汉地区部分、南部海域一部分、四川盆地南部一部分、柴达木盆地中部、塔里木盆地西部、鄂尔多斯盆地中部和南部部分以及准噶尔盆地中部。

（6）我国含煤地层在600m深处基本没有地温达到或超过45℃的地区；600m深处地温在35～45℃之间地区范围也很小，只有松辽盆地中部的一小部分、江汉地区中部一小部分、四川盆地西部和南部的一部分、鄂尔多斯盆地东南部的一小部分、柴达木盆地中部的一小部分以及准噶尔盆地中部部分区域。

3 夹河矿深井地温场特征分析

3.1 夹河矿深井概况及存在问题

夹河矿位于徐州市西北九里区境内，距徐州市约11km。以夹河矿主井为中心，其地理坐标为东经117°5′13″，北纬34°18′47″，地面标高+37.0～+43.0m。

夹河矿井田东部F1号断层下盘以“徐煤局地（85）55号”文件、上盘以“苏煤基司（87）252号”文件为界与庞庄矿相邻；西部以西陇海铁路为界，与徐州地方煤炭公司大刘矿和徐州矿务集团公司义安矿相邻；浅部自21煤层露头；深部至1煤层−1200m等高线。井田走向长5.5km，倾向长约4.5km，面积约24.75km^2。

井田内铁路、公路均有，矿井生产的煤炭除经铁路、公路运往全国各地外，还可经徐州港利用驳船运输，直达江浙各地，水陆交通甚为便利。在铁路方面，西陇海铁路干线从井田西南通过，矿铁路专用线在夹河寨与西陇海干线接轨。在公路方面，矿专用公路与徐州市三环路、徐沛公路干线和西部矿区公路连接成网。在水路方面，井田东侧15km左右有京杭大运河，常年可通航50t驳船。

夹河矿隶属于徐州矿务集团有限公司，是国家“七五”期间投资建设的大型现代化矿井，是一座存在高温热害、水害、严重冲击地压和煤层自燃的多灾害矿井。原设计生产能力为45万吨/年，投产以来，通过系统改造及改扩建，生产能力不断提高，改扩建设计能力为 120 万吨/年，2003 年核定生产能力为 150 万吨/年，2004 年煤炭产量为 159.52 万吨/年。夹河矿开拓方式为立井、暗斜井多水平集中运输大巷分区式开拓，单翼井田。矿井采用中央并列式通风方式。目前工业广场内有 3 个井筒，即主井、副井和风井，全为立井，其中副井和主井进风，风井回风，各采区实行分区回风。

夹河矿开采深度最深已达 1000m 以下，高温热害已成为制约煤矿可持续性开采的关键性因素之一，热害控制问题正变得日益严峻。另外，预计到 2015 年，徐州矿务集团公司所辖的包括夹河矿在内的 11 个煤矿将全部进入到 1000m 深以下进行开采，热害问题如得不到有效解决，必将直接影响到整个徐州矿务集团公司的生存与发展。

随着开采深度的增加，夹河矿井下地温越来越高。目前，-800m 水平巷道和开采工作面内的围岩岩体表面温度高达 37.5℃，工作面空气温度也高达 32～34℃。各个采掘点的温度普遍较高，湿度较大。即使在冬季，各采掘工作面迎头温度也超过了《煤矿安全规程》的相关规定，因此，深部热害问题已成为影响生产正常进行的重要因素。

3.2 夹河矿地质构造状况及其热害类型

徐州市位于苏鲁豫皖四省交界处，区内构造形迹十分醒目，总体为 NE 向延伸、向 W 突出的弧形构造，即徐-宿双冲叠瓦扇构造。其北临丰沛隆起，南至蚌埠隆起，东止于郯庐断裂，西部前锋可达利国—萧县—宿州—西寺坡一线，由一系列呈弧形弯曲的线性紧闭不对称褶皱、走向逆冲断层及断陷盆地所组成。根据褶皱与断层组合在不同地区发育程度的不同，以 NW 向的废黄河断层和 EW 向的宿北断层为界，将徐-宿弧形构造分为北、中、南三段。各段不仅各具特征，而且还同时具有 EW 分带的特点，尤以中段特征最为明显。

这里仅对本井田所处的北段稍作简要叙述：北段（丰沛隆起与废黄河断层之间）废黄河断层以北，主要构造方向在东侧为 NEE，西侧为 NE。其断层附近由于左行剪切牵引转为近 SN 向，在东西方向上具有分带性。九里山矿区位于西部前锋带。

夹河井田位于徐州复背斜九里山向斜南翼中段。井田总体为一走向略有变化的单斜构造。地层产状沿走向、倾向变化较大，且 F1 号断层上下两盘地层产状有差异。

F1 号断层下盘：15～24 线地层走向 NE60°，24 线以西渐转至近 SN 向，地层倾向 NW，沿倾向方向地层倾角变化很大。以 2 煤为例，－150m 水平以上地层倾角为 35°～85°；－150～－250m水平为 25°～35°，－300～－350m 水平为 5°～10°，－400～－800m 水平为 16°～35°，－800m 水平以下至 F1 号断层为 5°～20°，因此 F1 号断层下盘煤层由浅至深在剖面上大致呈台阶状，其他煤层具体台阶所处水平不完全和 2 煤一致，但总体形态相似。

F1 号断层上盘：18～19 线地层走向 NE40°，19～23 线的浅部由 NE70°渐转为 NE20°，深部为 NE60°，23～27 线走向 NE60°，27～29 线总体为 NE20°。地层倾向 NW，地层倾角为 15°～25°。

本区未发现火成岩，仅在西风井附近靠近煤层露头区域发现一小型陷落。井田内无大型褶皱。在 F1 号断层上盘和下盘各发育有一个不完整的次级褶曲。井田内共发育大中型断层 21 条，其中落差不小于 100m 的断层 4 条，正断层 1 条，逆断层 3 条；落差 50～100m 的断层 5 条，正断层 4 条，逆断层 1 条；落差 20～50m 的断层 7 条，正断层 6 条、逆断层 1 条；落差 10～

20m 且走向长度不小于 800m 的断层 5 条，全部为正断层。

本井田小断层非常发育，是影响生产的主要地质因素。对深部未采区局部进行三维地震勘探，在测区内共发现落差大于 5m 的小断层 18 条，其中落差不小于 10m 的有 7 条，落差 5 ~ 10m 的有 11 条。

夹河矿属于徐州矿区，其矿山地温类型为基底拗陷型。其地质特点是位于稳定台块的大、中型沉降区，结晶基底较深，其上形成古生界、中生界、新生界沉积盆地。据矿井实测数据表明，该矿井开采深度小于 500 ~ 600m 时一般无热害出现，但随着开采深度的加大，会逐渐出现热害。

3.3 夹河矿深部地温变化特征

结合夹河矿的实际情况，分析其地温及地温梯度的变化规律，找出其地温与深部之间的关系。

夹河矿地处北纬 34°15′左右，根据中国科学院地质研究所地温资料，恒温带深度为 25 ~ 30m，温度为 16.6℃。本区取用恒温带深度 30m，温度 16.6℃。

为了解夹河矿 200 ~1200m 深地温场的分布状况，在井田内共打了 22 个不同深度的测温钻孔，测温数据见表 3-1。

表 3-1 各钻孔相同深度温度值表 （℃）

钻孔编号 \ 钻孔深度/m	200	300	400	500	600	700	800	900	1000	1100	1200
18-12	20.9	22.4	24.2	25.8	27.8	29.4	31.5	33.9			
18-14	22.6	23.7	25.2	26.7	28.3	30.2	32.2	34.2	36.3	37.9	40.4
补 9	22.7	23.8	24.9	26.2	27.4	28.8	30.7	33.0			
19-9	22.4	23.8	25.3	26.9	28.4	29.9	31.3				
20-3	22.1	23.4	25.6	27.8	30.0	32.9					

续表 3-1

钻孔编号＼钻孔深度/m	200	300	400	500	600	700	800	900	1000	1100	1200
20-10	23.2	24.1	25.4	27.1	29.0	30.9	32.9	34.8	36.7	38.9	41.2
20-11	20.9	22.3	23.9	26.1	27.8	30.4	32.6	34.7	38.9	41.9	
补 10	23.4	24.6	26.0	27.5	29.5	31.6	34.1	36.7			
补 11	22.0	23.5	25.0	26.9	28.6	30.1	31.3	33.3	35.8		
21-5	21.6	23.5	25.4	27.1	28.8	30.5					
22-9	22.8	24.5	25.6	27.8	29.8	31.3	33.0	34.7	36.4	38.9	42.2
22-12	23.5	24.9	26.5	28.0	29.9	31.9	34.1	36.1	38.0	39.1	41.2
补 13	21.4	23.0	25.3	27.6	29.2	31.8	34.0	37.4			
23-7	21.4	23.0	25.0	27.0	29.0						
23-11	22.3	23.5	24.8	26.4	28.1	30.1	32.3	34.2	36.2	38.0	40.0
23-12	21.9	23.5	25.2	26.9	28.9	31.0	32.8	34.6	36.3	38.4	40.7
补 6		22.5	24.2	26.0	27.7	29.6	31.5	34.0	36.3		
补 15	24.3	25.4	26.6	27.8	29.2	31.1	33.2	34.7			
补 16	23.9	25.3	26.9	28.6	30.0	32.0	33.8	35.8	38.3	41.5	
24-9	21.9	25.3	25.2	27.1	29.1	30.9	32.8	34.6	36.5	38.5	
26-10	23.5	25.2	26.4	27.8	29.6	31.5	33.4	35.1	37.0	38.9	41.0
26-9	21.1	22.4	26.4	28.7	30.9	33.0	35.8	38.4	42.3		
差异	3.4	3.3	2.7	2.8	2.5	2.6	3.4	3.7	2.4	4.4	2.2

3.3.1 地温变化特征分析

根据表 3-1 的数据，可绘出各钻孔 −200 ~ −1200m 地温变化曲线，如图 3-1 ~图 3-22 所示。

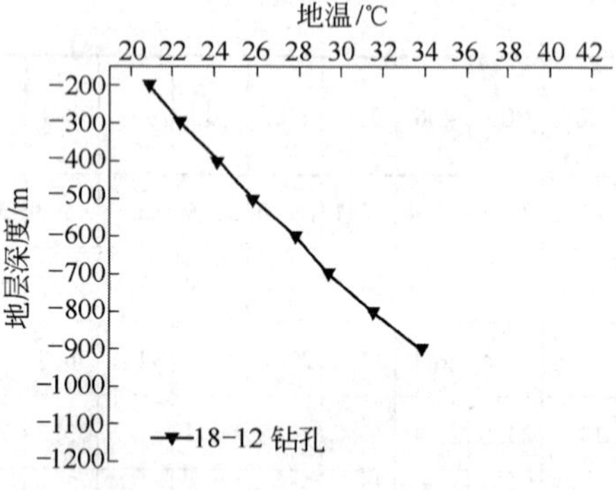

图 3-1 18-12 钻孔地温变化曲线图

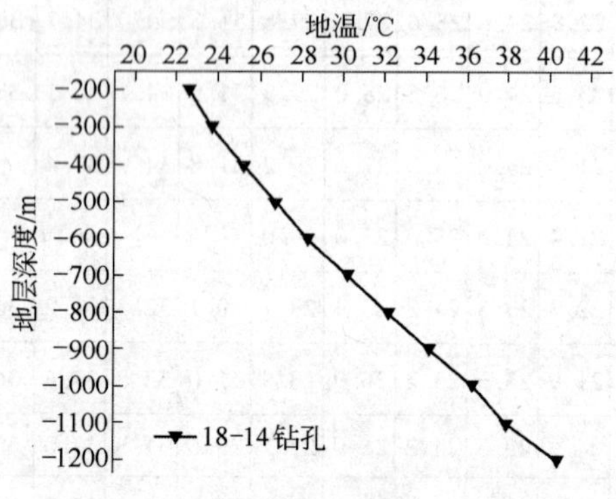

图 3-2 18-14 钻孔地温变化曲线图

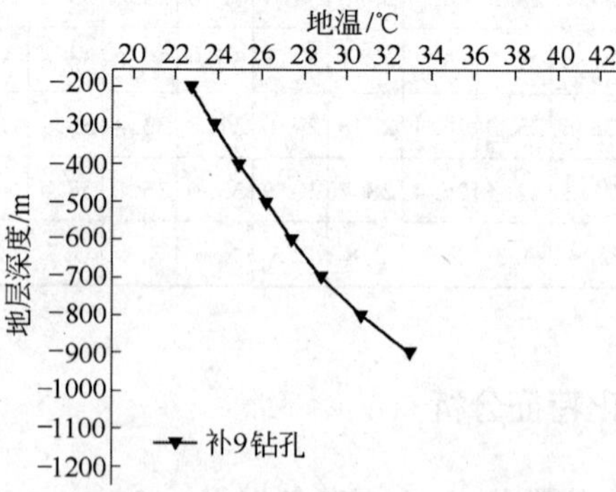

图 3-3 补 9 钻孔地温变化曲线图

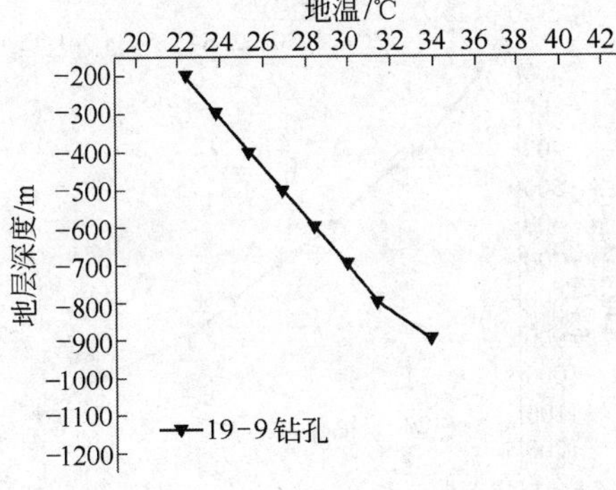

图3-4 19-9钻孔地温变化曲线图

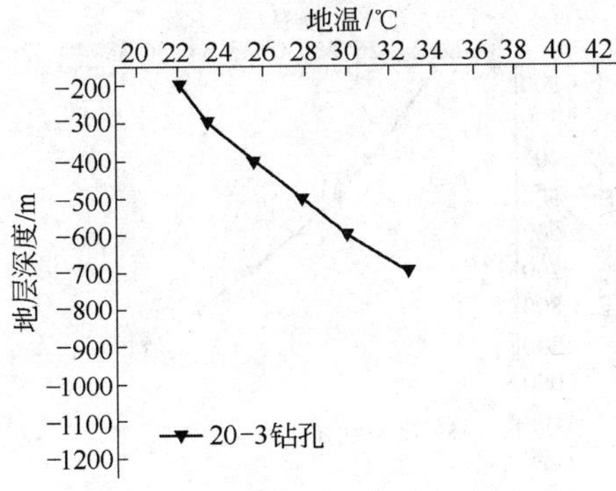

图3-5 20-3钻孔地温变化曲线图

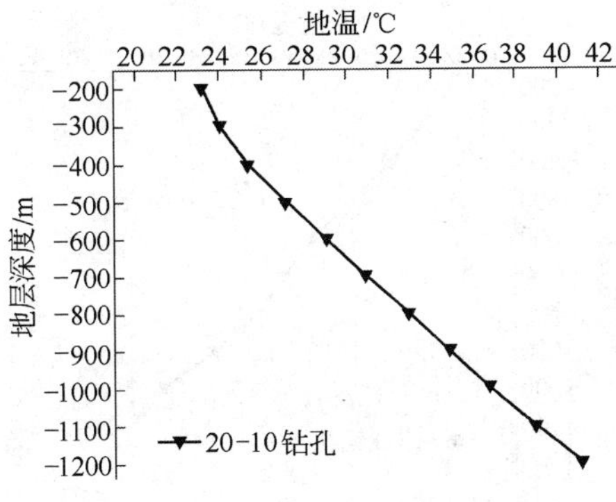

图3-6 20-10钻孔地温变化曲线图

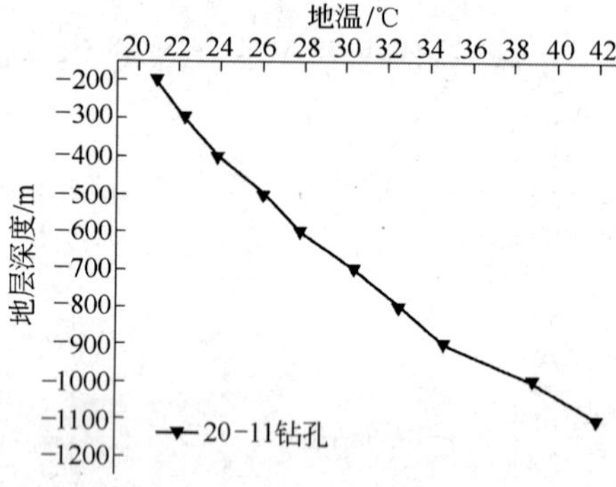

图 3-7　20-11 钻孔地温变化曲线图

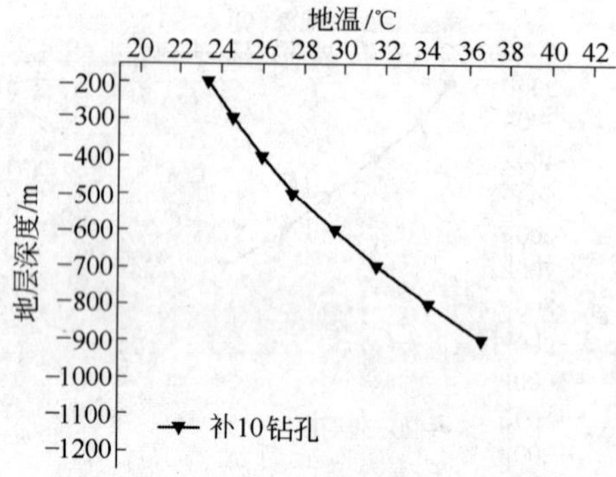

图 3-8　补 10 钻孔地温变化曲线图

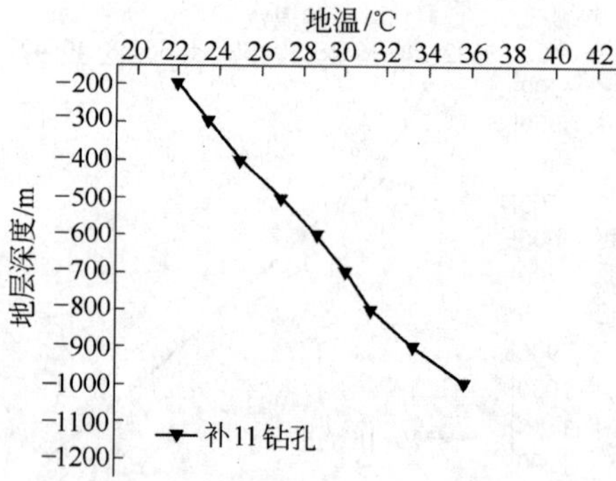

图 3-9　补 11 钻孔地温变化曲线图

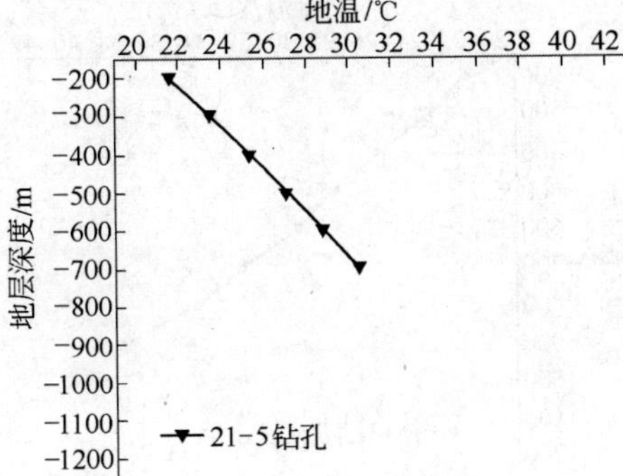

图 3-10 21-5 钻孔地温变化曲线图

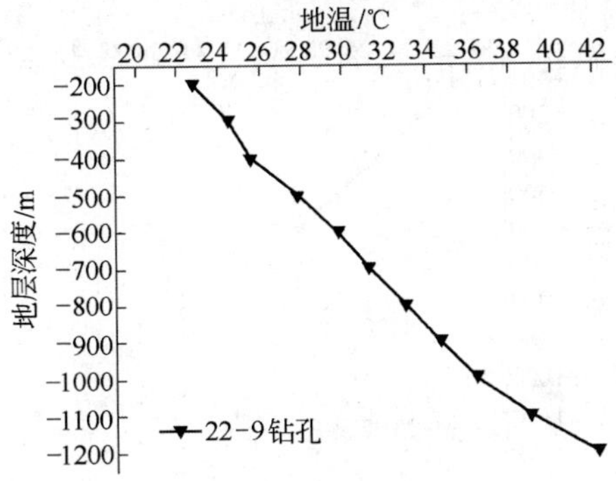

图 3-11 22-9 钻孔地温变化曲线图

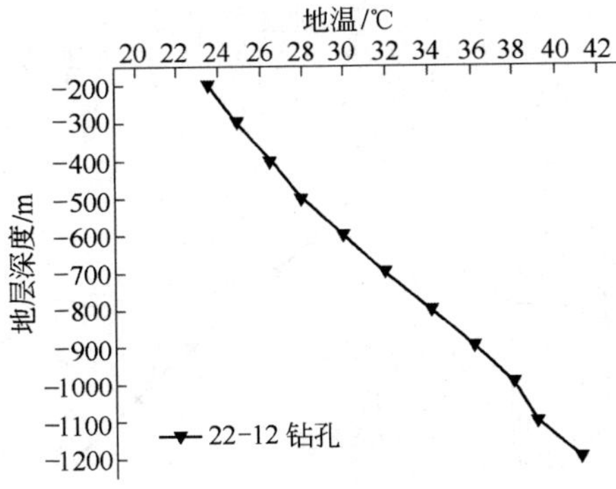

图 3-12 22-12 钻孔地温变化曲线图

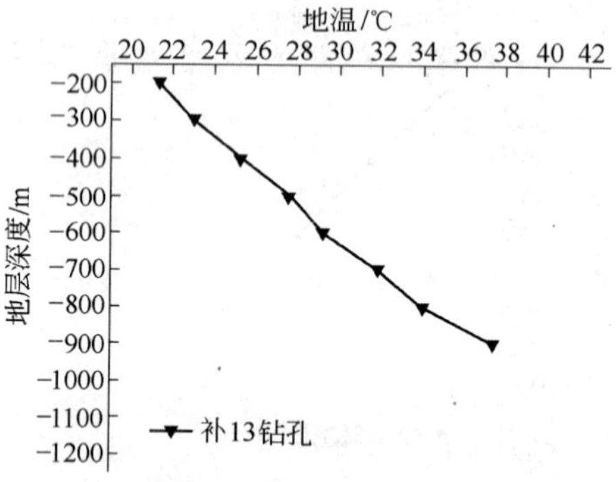

图 3-13　补 13 钻孔地温变化曲线图

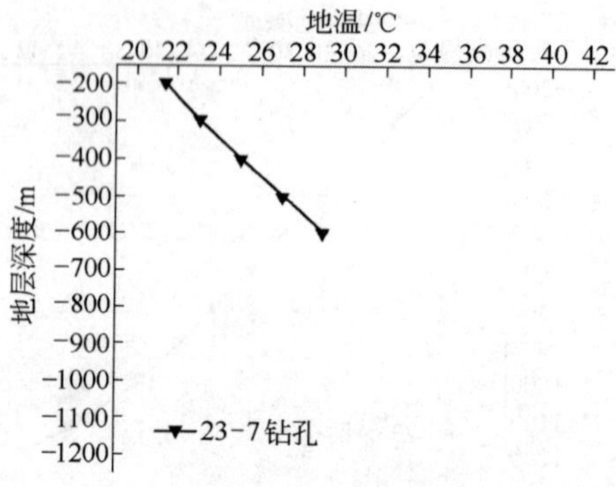

图 3-14　23-7 钻孔地温变化曲线图

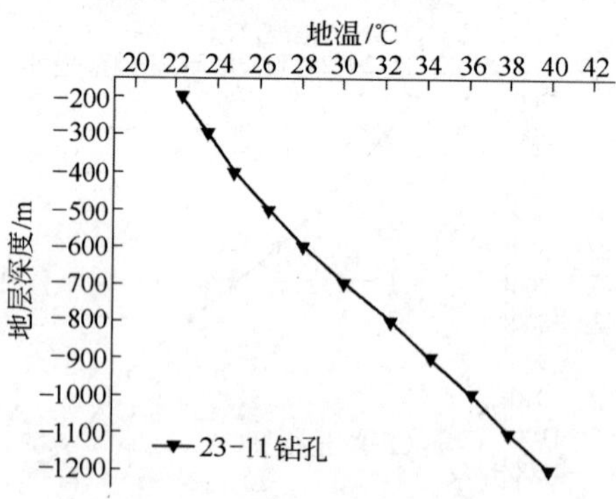

图 3-15　23-11 钻孔地温变化曲线图

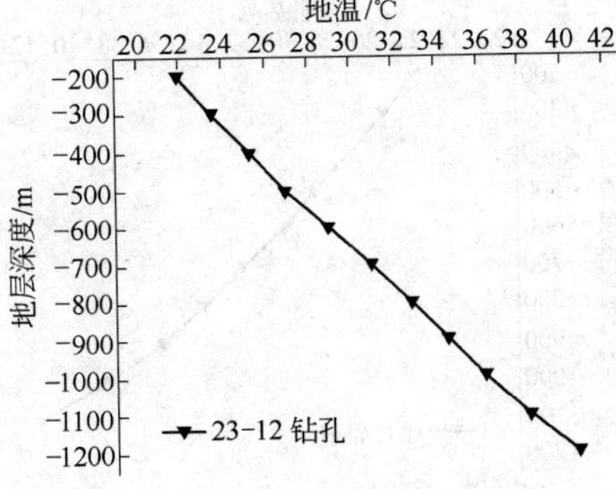

图 3-16 23-12 钻孔地温变化曲线图

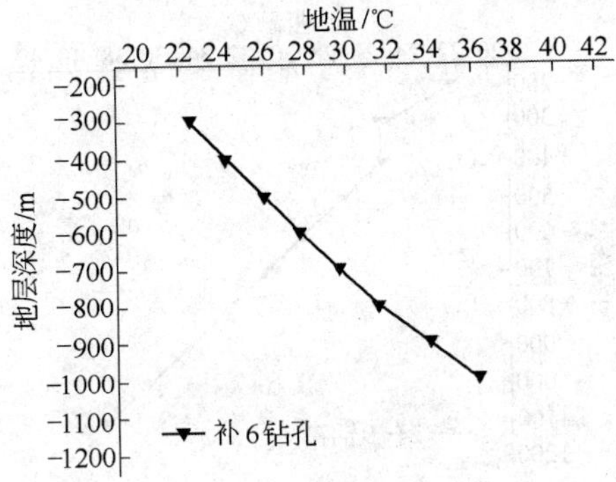

图 3-17 补 6 钻孔地温变化曲线图

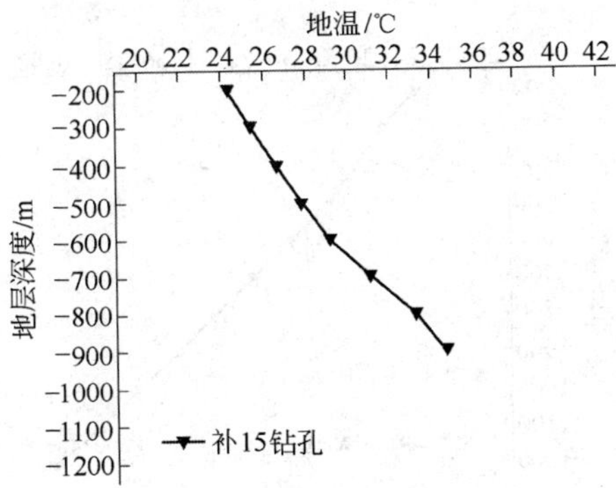

图 3-18 补 15 钻孔地温变化曲线图

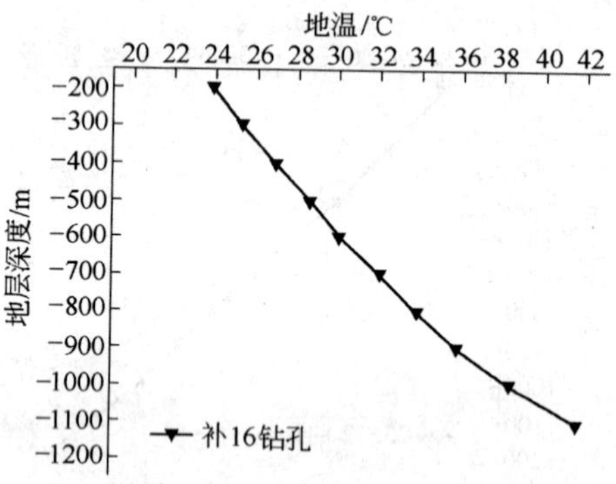

图 3-19　补 16 钻孔地温变化曲线图

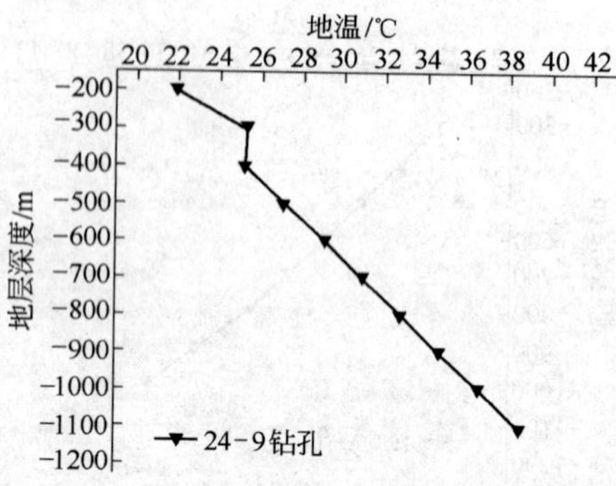

图 3-20　24-9 钻孔地温变化曲线图

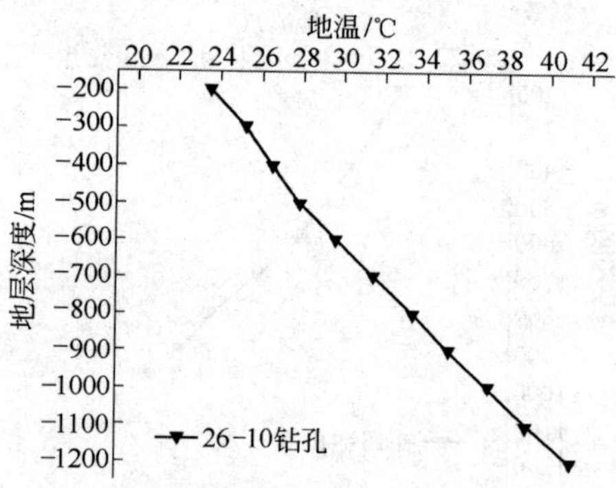

图 3-21　26-10 钻孔地温变化曲线图

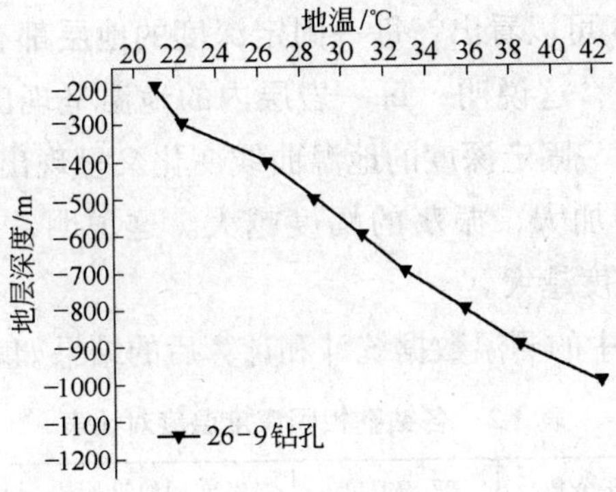

图 3-22 26-9 钻孔地温变化曲线图

总体来看图 3-1 ~ 图 3-22 中的曲线,地温是随着深度的增加而升高的,且从大部分曲线的走势可较明显地看出越往深部走,地温的增加幅度越大,即地温变化曲线呈现出非线性增加的特征。

3.3.2 不同深度地温变化规律分析

根据表 3-1 中的数据，可绘出夹河矿 200 ~ 1200m 不同深度地温变化曲线图（见图 3-23）。

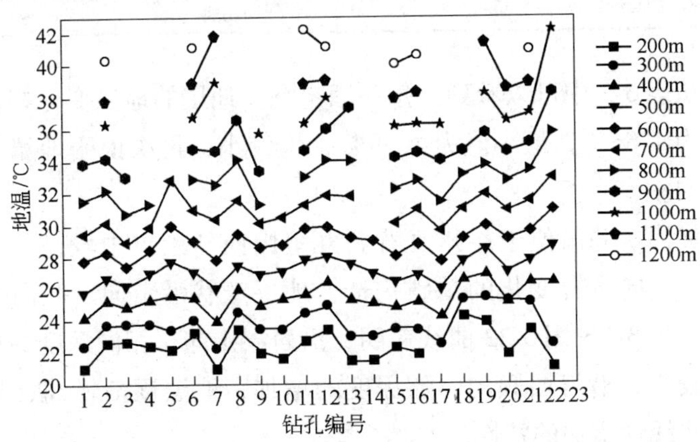

图 3-23 不同深度地温变化曲线图

从图 3-23 可以看出，每一固定深度的地层都有各自温度变化的基本范围，这说明，每一岩层内的地温呈现出较均匀分布的状态。但每一固定深度的地温曲线变化又呈现出振荡的趋势，且随着深度的加大，振荡的幅度越大。这说明，越往深处走，地温增加的幅度越大。

对表 3-1 中的测温数据统计和计算后的结果如表 3-2 所示。

表 3-2　各钻孔相同深度温度对比表

深度/m	钻孔个数/个	平均温度/℃	温度加权平均值/℃	温度变化幅度/%
200	21	22.4	0.971	4.33
300	22	23.8	0.980	4.12
400	22	25.4	0.785	3.09
500	22	27.2	0.780	2.87
600	22	29.0	0.873	3.01
700	21	30.9	1.069	3.46
800	19	32.8	1.221	3.72
900	18	35.0	1.356	3.87
1000	13	37.3	1.696	4.55
1100	11	39.2	1.308	3.34
1200	7	41.0	0.651	1.59

从表 3-2 中可以看到，每一固定深度地层的地温变化幅度最大值为 4.55%，最小值为 1.59%，均较小，再次说明地温分布较均匀。

夹河矿井田位于徐州复背斜九里山向斜南翼中段，井田总体为一走向略有变化的单斜构造，地层产状沿走向、倾向变化较大。图 3-1 ~图 3-22 曲线表明，沿岩层走向，相同深度的地温变化较小；沿岩层倾向，随深度的增加，地温逐渐增高，且呈现出非线性增加的特性。

地温梯度是导致热量传递的最直接原因[98]。地温梯度越大，地层间的热量传递越多，热交换现象就会越明显。

因此，为了更清晰地了解夹河矿地温分布的状况，现将各钻孔地温梯度进行统计，列于表3-3中。

表3-3　各钻孔地温梯度统计表

地层深度范围/m 钻孔编号	200～300	300～400	400～500	500～600	600～700	700～800	800～900	900～1000	1000～1100	1100～1200
18-12	1.5	1.8	1.6	2.0	1.6	2.1	2.4			
18-14	1.1	1.5	1.5	1.6	1.9	2.0	2.0	2.1	1.6	2.5
补9	1.1	1.1	1.3	1.2	1.4	1.9	2.3			
19-9	1.4	1.5	1.6	1.5	1.5	1.4				
20-3	1.3	2.2	2.2	2.2	2.9					
20-10	0.9	1.3	1.7	1.9	1.9	2.0	1.9	1.9	2.2	2.3
20-11	1.4	1.6	2.2	1.7	2.6	2.2	2.1	4.2	3.0	
补10	1.2	1.4	1.5	2.0	2.1	2.5	2.6			
补11	1.5	1.5	1.9	1.7	1.5	1.2	2.0			
21-5	1.9	1.9	1.7	1.7	1.7					
22-9	1.7	1.1	2.2	2.0	1.5	1.7	1.7	1.7	2.5	3.3
22-12	1.4	1.6	1.5	1.9	2.0	2.2	2.0	1.9	1.1	1.9
补13	1.6	2.3	2.3	1.6	2.6	2.2	3.4			
23-7	1.6	2.0	2.0	2.0						
23-11	1.2	1.3	1.6	1.7	2.0	2.2	1.9	2.0	1.8	2.0
23-12	1.6	1.7	1.7	2.0	2.1	1.8	1.8	1.7	1.9	2.3
补6		1.7	1.8	1.7	1.9	1.9	2.5	2.3		
补15	1.1	1.2	1.2	1.4	2.1	2.1	1.5			
补16	1.4	1.6	1.7	1.4	2.0	1.8	2.0	2.5	3.2	
24-9	3.4	−0.1	1.9	2.0	1.8	1.9	1.8	1.9	2.0	
26-10	1.7	1.2	1.4	1.8	1.9	1.9	1.7	1.9	1.9	2.1
26-9	1.3	4	2.3	2.2	2.1	2.8	2.6	3.9		

3.3.3　地温梯度变化特征分析

根据表3-3的数据，可绘出各钻孔200～1200m深地温梯度变化曲线图（见图3-24～图3-45）。

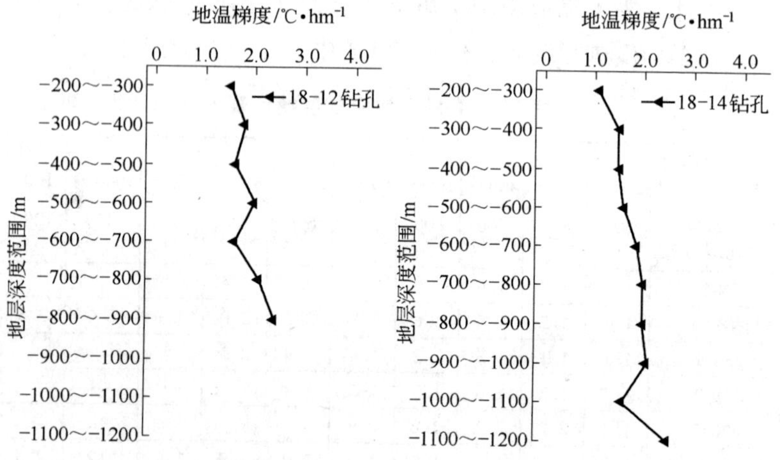

图3-24 18-12钻孔地温梯度变化曲线图

图3-25 18-14钻孔地温梯度变化曲线图

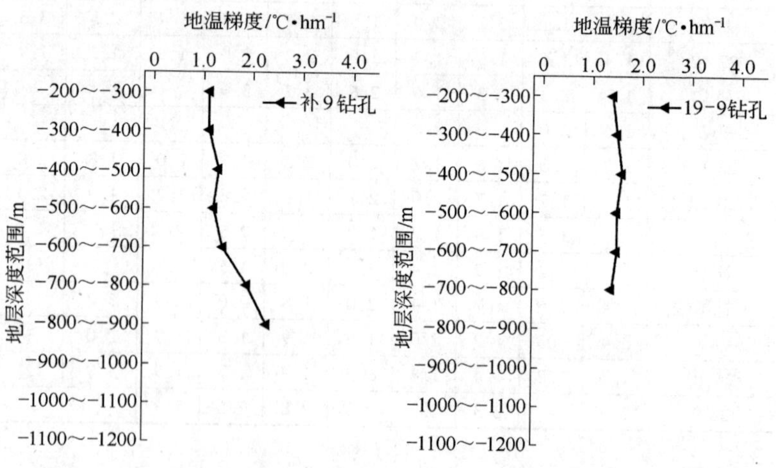

图3-26 补9钻孔地温梯度变化曲线图

图3-27 19-9钻孔地温梯度变化曲线图

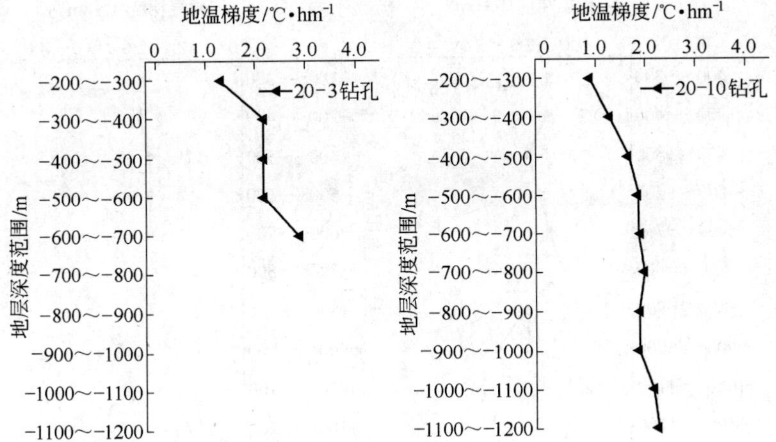

图 3-28 20-3 钻孔地温梯度变化曲线图

图 3-29 20-10 钻孔地温梯度变化曲线图

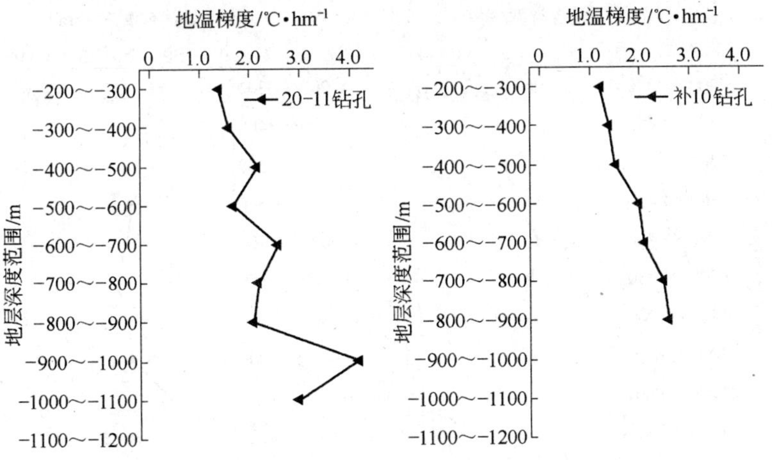

图 3-30 20-11 钻孔地温梯度变化曲线图

图 3-31 补 10 钻孔地温梯度变化曲线图

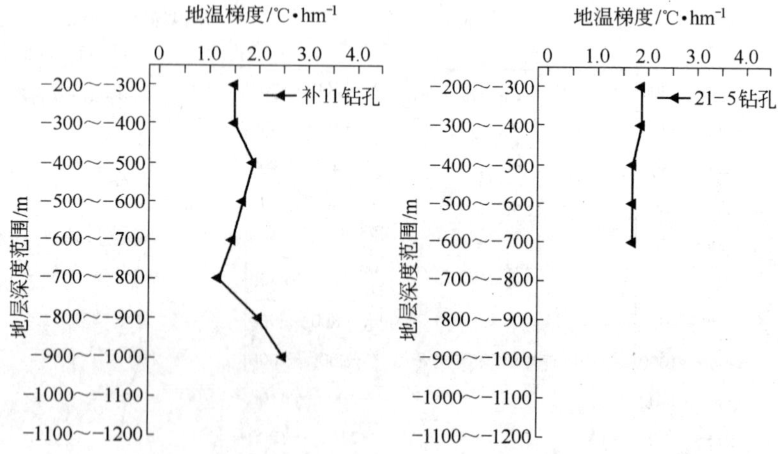

图 3-32　补 11 钻孔地温梯度变化曲线图

图 3-33　21-5 钻孔地温梯度变化曲线图

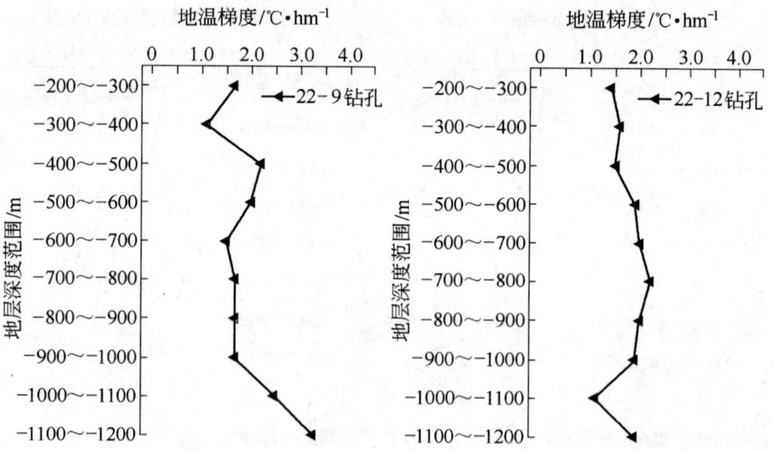

图 3-34　22-9 钻孔地温梯度变化曲线图

图 3-35　22-12 钻孔地温梯度变化曲线图

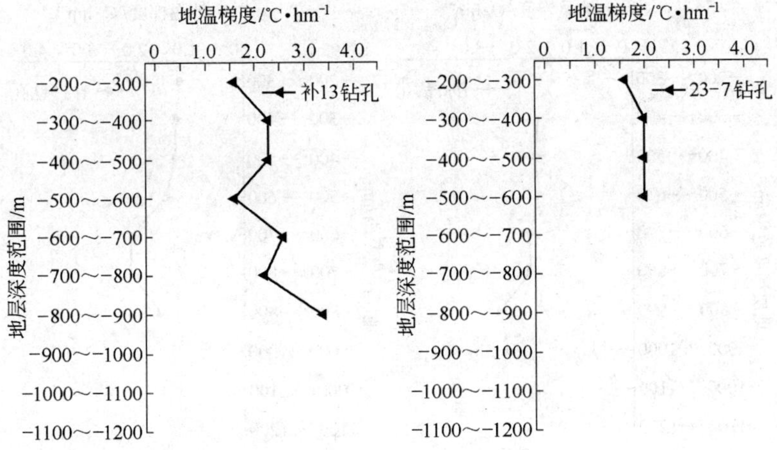

图 3-36 补 13 钻孔地温梯度变化曲线图

图 3-37 23-7 钻孔地温梯度变化曲线图

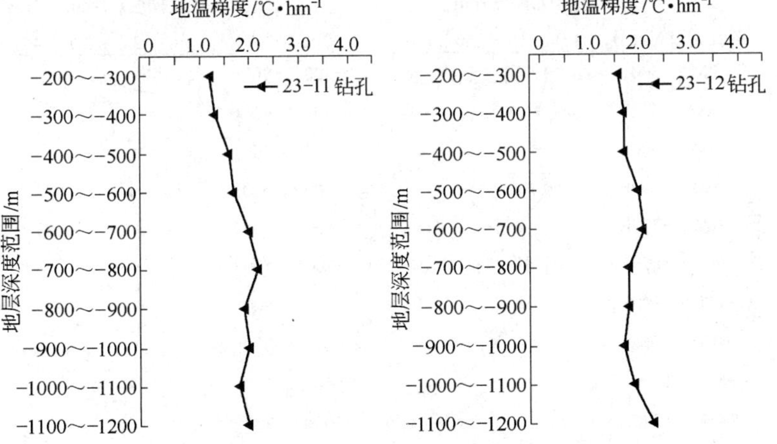

图 3-38 23-11 钻孔地温梯度变化曲线图

图 3-39 23-12 钻孔地温梯度变化曲线图

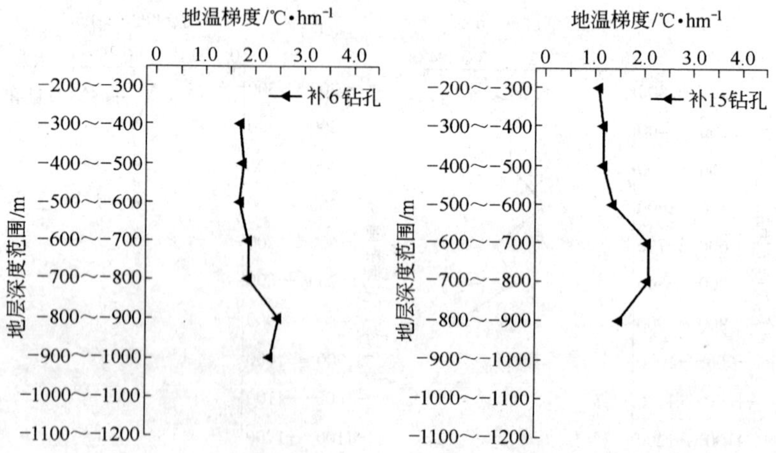

图 3-40 补 6 钻孔地温梯度变化曲线图

图 3-41 补 15 钻孔地温梯度变化曲线图

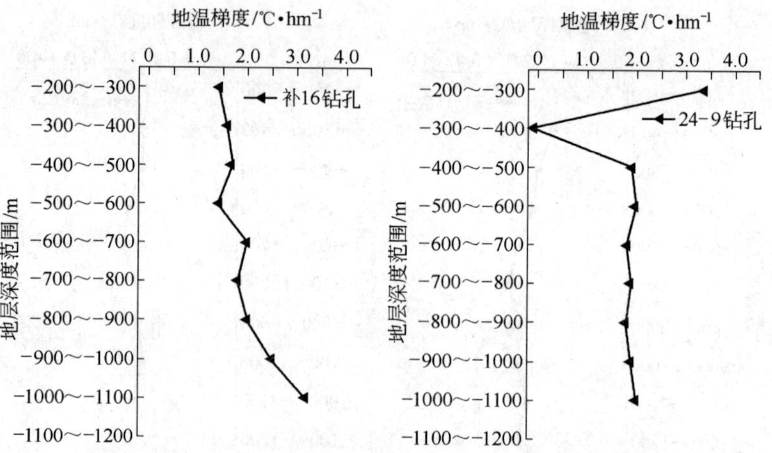

图 3-42 补 16 钻孔地温梯度变化曲线图

图 3-43 24-9 钻孔地温梯度变化曲线图

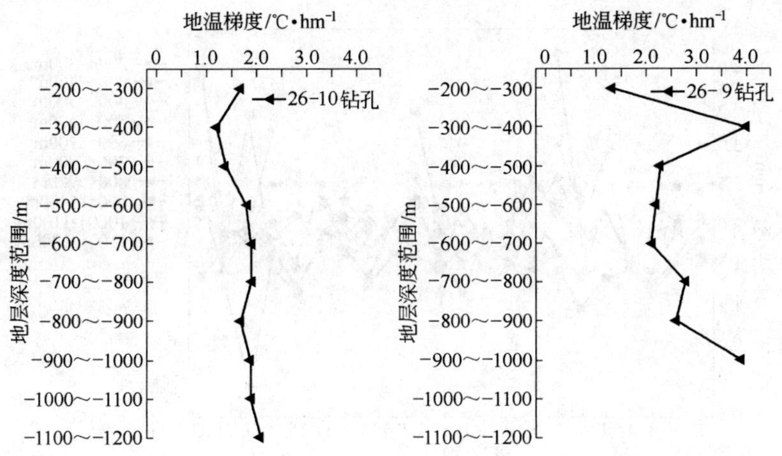

图 3-44　26-10 钻孔地温梯度变化曲线图

图 3-45　26-9 钻孔地温梯度变化曲线图

分析图 3-24 ~ 图 3-45 中曲线可知，随着地层深度的加深，地温梯度呈现非线性递增的趋势。

3.3.4　不同深度地温梯度变化规律分析

根据表 3-3 数据，可绘出夹河矿 200 ~1200m 不同深度地温梯度变化曲线图（见图 3-46）。

分析图 3-46 中的曲线可知，大部分地温梯度值均在 1. 0℃/100m 至 2. 5℃/100m 范围之内。这说明，夹河矿 200 ~1200m 深地温梯度变化是较为均匀的。分析不同深度地温梯度曲线的变化幅度可知，随着深度的增加，地温梯度的增量也越大，且呈现出非线性的特性。

3. 4　夹河矿深部地温变化规律

根据以上地温变化曲线图和地温梯度变化曲线图的变化趋势，结合数值拟合分析，得到夹河矿地温变化拟合曲线，如图 3-47 所示。

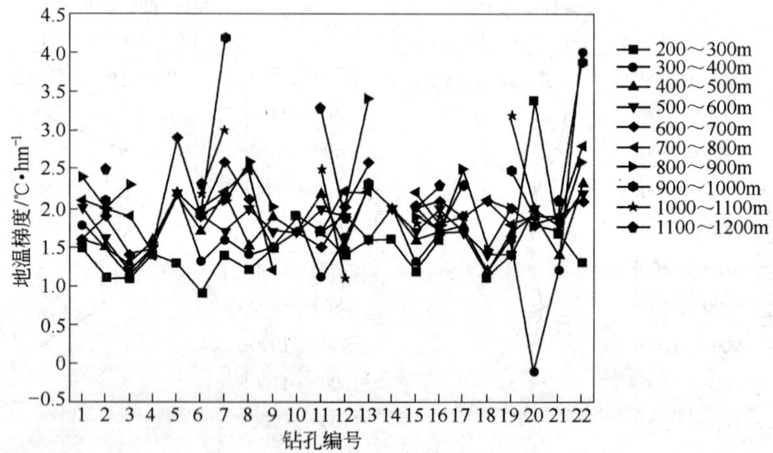

图 3-46 不同深度地温梯度曲线图

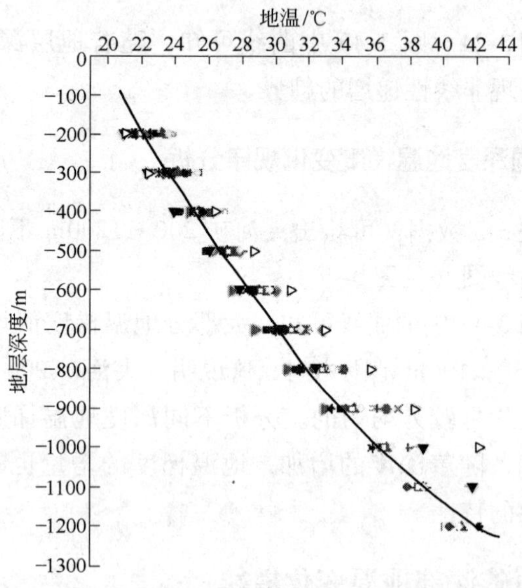

图 3-47 夹河矿地温变化拟合曲线

地温与深度的拟合函数关系为

$$T(h) = -4.975 + 23.08 \times \exp\left(\frac{-h}{1736.1}\right)$$

夹河矿地温变化拟合曲线是一条一阶指数衰减曲线。观察曲线可知，200～700m 深度段，曲线近似为线性变化，也就是说，在浅部基本上呈现线性分布，而当开采深度转变为深部时，即在 700～1200m 深度段，曲线变化趋势为：地温随着深度的加深而升高，并且随着深度的不断加大，地温开始呈现出非线性递增的趋势。

结　语

本章通过对夹河矿地温场的分析，获得了夹河矿的地温分布规律。通过分析研究，可获得以下结论：

（1）夹河矿地温场特征为：沿岩层走向，相同深度的地温变化较小；沿岩层倾向，随深度的增加，地温逐渐增高，且呈现出非线性增加的特性。

（2）夹河矿地温随着深度的加深而升高，并且随深度的不断加深，地温梯度也不断加大。深度小于 700m 以上时，地温的升高一般可看做近似线性关系；当深度超过 700m 时，温度则会呈现非线性递增的趋势。

地温与深度的函数为

$$T(h) = -4.975 + 23.08 \times \exp\left(\frac{-h}{1736.1}\right)$$

4 夹河矿深部采场热交换规律

4.1 引言

根据前文对于夹河矿地温场变化规律的分析可知，随着夹河矿开采深度的增加以及机械化程度的不断提高，其深部煤岩温度不断升高，工作面环境不断恶化，导致热害亦有不断恶化的趋势。

4.2 夹河矿深部热源分析

造成矿井内热害的热源虽然很多，但主要有相对热源和绝对热源两种类型。相对热源的散热量与其周围的气温差值有关，如高温岩层等；而绝对热源的散热量则受其周围气温的影响较小，如机电设备、矿石氧化和空气压缩散热等[99]。高温岩层的散热是影响矿井空气温度升高的重要原因，它主要通过井巷围岩岩壁和冒落、运输中的煤岩与矿井空气进行热交换，从而影响整个矿井的热环境。以下是几种主要影响矿内热环境的热源因素的简述。

（1）围岩散热因素。围岩散热是引起矿井高温热害的主要原因之一，随开采深度的增加，围岩温度越高，散热量也越大。同时，深部围岩与风流之间的散热不仅与围岩温度有关，而且还与空气的流动状态、巷道特征有关。一个大型矿井，有时围岩的散热能力可达数百万千瓦。

（2）矿井热水散热因素。随着开采深度的加大，围岩温度升高，则矿井涌水的水体温度必然也高，流出的热水将直接影响风流的温度和湿度，从而进一步影响矿内热环境。

（3）季节性温度变化的进风风流因素。夏季地表空气温度高，引起进风流温度高，故矿井热害在夏季表现最为严重。一般而言，冬夏季进风流温差在15～25℃左右[22]。

（4）氧化放热因素。煤、含碳或含硫围岩及支护材料的氧化放热，均会引起矿井气温升高。

（5）空气压缩放热因素。空气沿井巷向下流动时，其相对位能减小，致使体积压缩热转化为热能，使矿井气温升高。

（6）机电设备放热因素。随着现代矿井生产技术的不断进步和现代化装备的不断应用，井下机电设备放热量也不断增加，使得机电设备放热因素对矿内热环境的影响变得越来越重要。井下大功率的机电设备的机械动力做功，一部分用于克服重力提高物体的位能，一部分用于克服摩擦阻力，并最终转化为热能，提高了空气的温度。在水平巷道内，供给机械的能量全部用于克服摩擦阻力，同时以热的形式传给空气。

（7）采掘矿岩的冷却散热因素。人类在矿井采掘生产过程中采落的矿岩在工作面上及运输过程中均会散热，这也极大地影响着井下热环境。

（8）人体散热因素。人体产生的热量随完成工作量的变化而变化。根据南非测定：静止状态每人的散热量为90～105J/s；轻微劳动每人的散热量为200J/s；适度劳动每人的散热量为274J/s；沉重劳动每人的散热量为512J/s。前苏联学者建议的人体平均散热量为291J/s。

4.3 深部地层热传导方式

热传导通常是通过导热、对流和辐射三种方式进行的。在地球内部的浅部地质体构造中的热传导过程是以导热和对流为主的[1]。而深部煤矿采场内的热传导过程往往是导热、对流和辐射三种方式共同作用的结果，其中围岩内的传热过程以导热为主；围岩与风流之间则以对流为主；另外由于开采深度的增加，围岩温度不断升高，其辐射能力不断增强，热辐射的热量也必将影响到采场内温度场的分布。

在讨论围岩与风流热交换问题时，涉及几个关键的热物理参数，这些参数确定得是否准确，将会影响到整个热环境工作的计算精度。这些参数主要有：岩石的导热系数 λ、比热容 c、围岩与风流间的对流换热系数 α、围岩与风流间的不稳定传热系数 K[17]、岩石的黑度及吸收率。因为围岩向采场辐射的热能与传导和对流形式释放的热能相比仍然存在着数量级的差别，故在进行热能计算时往往可忽略不计。下面分别讨论这三种热传导方式及与之相关的热物理参数。

4.3.1 导热

当物体各部分之间不发生相对位移时，主要依靠分子、原子及自由电子等微观粒子的热运动而产生的热量传递称为导热。

从微观的角度来看，气体、液体、导电固体和非导电固体的导热机理是有所不同的。在气体中，导热是气体分子不规则热运动时相互碰撞的结果。气体的温度越高，其分子的运动动能越大。不同能量水平的分子相互碰撞的结果是，使热量从高温处传到低温处。导电固体中有相当多的自由电子，它们在晶格之间像气体那样地运动。自由电子的运动在导电固体的导热中起着主要的作用。在非导电固体中，导热是通过晶格结构的振动，即原子、分子在其平衡附近的振动来实现的。晶格结构振动的传递在文献中常被称为弹性波[100]。至于液体中的导热机理，目前还存在着不同的观点。一种观点认为定性上类似于气体，只是情况更复杂，因为液体分子间的距离比较近，分子间的作用力对碰撞过程的影响远比气体大[101]；另一种观点则认为液体的导热机理类似于非导电固体，主要靠弹性波的作用[102,103]。

根据导热的傅里叶定律，在导热现象中，单位时间内通过给定截面的热量，与垂直于该截面方向上的温度变化率和截面面积成正比，即

$$Q = -\lambda F \frac{\partial t}{\partial x} \tag{4-1}$$

式中 Q——单位时间内通过的导热热量，W；

λ——导热系数，负号表示热量传递的方向与温度升高的方向相反；

F——截面面积，m^2；

$\frac{\partial t}{\partial x}$——沿温度方向的方向导数。

对于岩石的导热情况而言，影响其导热性能的主要热物理参数包括：导热系数、比热容、导温系数。由于岩体是一种不均匀结构体，即存在着节理、层理、断层等结构面，同时组成岩石的颗粒形状、含量、排列也存在着不均匀性，所以热流通过岩石的各个方向时呈现出各向异性特点，即岩石的导热性能具有各向异性特征。这种特征通常是用岩石的导热系数或导温系数的各向异性系数来表示。一般情况下，岩石平行于结构面方向的导热能力大于垂直方向。

4.3.2 对流

流体与固体壁面直接接触所发生的热量传递称为对流换热。对流换热的基本计算公式是牛顿冷却公式[104]，即

$$Q = \alpha F \Delta t \tag{4-2}$$

式中 Q——单位时间内对流的热量，W；

α——固体壁面与流体间的换热系数，W/(m^2 · ℃)；

F——固体壁面与流体的接触面积，m^2；

Δt——固体壁面与流体之间的温差，约定其永远取正值，℃。

影响围岩与风流之间对流热交换的主要热物理参数包括：围岩与流体的换热系数和围岩与风流的不稳定传热系数 K。

4.3.3 辐射

自然界中，只要物体的温度高于绝对零度，都在不停地向空间发射电磁波，此现象称之为热辐射[105]。热辐射的电磁波是物体内部微观粒子的热运动状态改变时激发出来的。

物体在向外发射热辐射的同时也不断地吸收其他物体发出的热辐射，辐射与吸收过程的综合结果就是造成了以辐射方式进行的物体之间的热量传递——辐射换热。

物体间以热辐射方式进行的热量传递是双向的，高温物体向低温物体发射热辐射，低温物体也向高温物体辐射，当物体与周围环境处于热平衡状态时，辐射换热量等于零，但这是一个动态平衡，辐射与吸收过程仍在不停地进行。

实验表明[106~109]，物体的辐射能力与温度有关。一切实际物体的辐射热流量的计算总可以采用斯蒂芬-玻尔兹曼定律的经验修正公式来计算[104]，计算式如下

$$Q = \varepsilon F \sigma_0 T^4 \tag{4-3}$$

式中 Q——物体单位时间内发出的热辐射热量，W；

ε——物体的黑度（又称发射率），其值总小于1，与物体的种类及表面状态有关；

F——物体表面积，m^2；

σ_0——黑体辐射常数，其值为$5.67\times10^{-8}W/(m^2\cdot K^4)$；

T——物体的绝对温度，K，其中

$$T=273+t$$

t——物体的摄氏温度，℃。

影响辐射换热的主要热物理参数包括：黑度和吸收率。

4.4 深部采场温度场热环境分析

夹河矿对9435工作面环境温度进行了实测，在此，可以设计其模拟工况，将模拟温度值与实测数据进行对比，从而分析模拟参数的选择是否合理。

4.4.1 9435工作面实测情况

9435工作面位于－800水平西一采区，通风风量970～1100m³/min。2006年8月至12月，对该工作面夏季、秋季与冬季通风后巷道空气温度进行了实测。图4-1为9435工作面温度测点位置示意图，表4-1为9435工作面温度测量数据。

如图4-1所示，进风巷道长200m，测点1位于进风巷道入口；工作面长度为180m，测点2、测点3、测点4分别位于工作面的入口、中点和出口。从9435工作面气温测量分析知：

夏季地面气温平均为31℃，通风风流进入到工作面皮带机道时为30℃，通过长200m的皮带机道后，风流温度在长度180m的工作面中从32℃上升到34℃。

秋季地面气温平均为14℃，通风风流进入到工作面皮带机道时为25.5℃。通过长200m的皮带机道后，风流温度在长度180m的工作面中从28℃上升到31℃。

冬季地面气温平均为5℃，通风风流进入到工作面皮带机道时为 20℃。通过长 200m 的皮带机道后，风流温度在长度 180m 的工作面中从 28℃上升到 30℃。

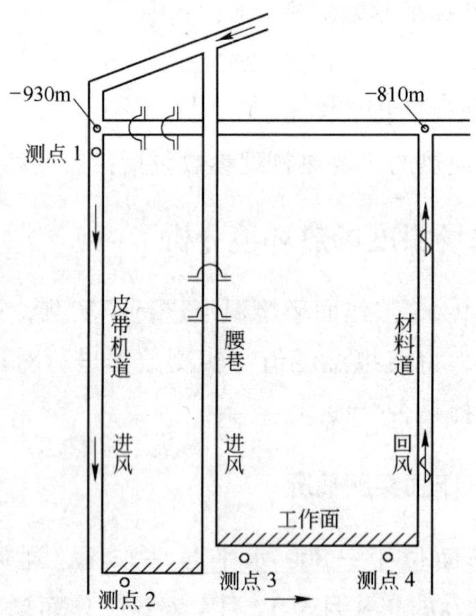

图 4-1　9435 工作面温度测点位置示意图

表 4-1　9435 工作面温度测量数据

时　间		8 月 15 日（夏季）	10 月 31 日（秋季）	12 月 18 日（冬季）
地面气温/℃		31.1	14	0
进风量 /$m^3 \cdot min^{-1}$	Q_1	890	770	770
	Q_2	210	210	200
回风量 /$m^3 \cdot min^{-1}$	Q_3	1100	980	970
测点温度/℃	测点 1	30	25.5	20
	测点 2	32	28	28
	测点 3	—	30	29
	测点 4	34	31	30

4.4.2 9435 工作面模拟情况

对采场温度场的模拟，主要是研究围岩散热对巷道空气温度的影响，其中的热传递方式包括热传导、热对流以及热辐射。因此，模拟前需要确定煤和空气的密度、导热系数、比热容、对流热交换系数与辐射交换系数等。根据有关文献中的试验数据及公式[110~117]，参数确定如表 4-2 所示。

表 4-2 模拟计算参数表

参 数	符 号	单 位	取 值
空气密度	ρ_1	kg/m^3	1.163
空气导热系数	k_1	W/(m·℃)	0.0267
空气比热容	c_1	kJ/(kg·℃)	1.005
运动黏度	ν	m^2/s	1.6×10^{-5}
对流热交换系数	α_c	$W/(m^2\cdot℃)$	12
辐射热交换系数	α_r	$W/(m^2\cdot℃)$	15
煤密度	ρ_2	kg/m^3	1380
煤导热系数	k_2	W/(m·℃)	0.26
煤比热容	c_2	kJ/(kg·℃)	1.21
出风口处压强	p	Pa	10×10^4

根据 9435 工作面通风风量及巷道尺寸的实际情况，设计三种模拟工况：进风巷道入口与工作面距离 d 为 200m，风速 v 为 2m/s，进风温度 t 分别为 30℃、25.5℃和 20℃。

建立有限元数值模型，运行 ANSYS 有限元计算程序，进行采场温度场数值模拟。

表 4-3 为采场自然通风时的模拟温度值与实测温度值的对比

情况。此处需要说明的是，模拟过程中所用到的热交换系数为对流热交换系数与辐射热交换系数之和，即 12 +15 =27 (W/(m^2·℃))。因此不难看出，模拟过程中的热交换系数若只考虑对流热交换系数或辐射热交换系数均是片面的。

表 4-3　采场自然通风时模拟温度值与实测温度值对比表

进风温度/℃	实测点号	模拟结果与实测对应点	实测温度值/℃	模拟温度值/℃	差值/℃
30	测点 1	进风巷道入口	30	30	0
	测点 2	控制点 1	32	31.974	0.026
	测点 3	工作面中点	—	32.443	—
	测点 4	控制点 2	34	32.856	1.144
25.5	测点 1	进风巷道入口	25.5	25.5	0
	测点 2	控制点 1	28	29.676	−1.676
	测点 3	工作面中点	30	30.668	−0.668
	测点 4	控制点 2	31	31.54	−0.54
20	测点 1	进风巷道入口	20	20	0
	测点 2	控制点 1	28	26.868	1.132
	测点 3	工作面中点	29	28.498	0.502
	测点 4	控制点 2	30	29.931	0.069
绝对平均差值					0.523

由表 4-3 可以看出，采场自然通风条件下，工作面入口、中点、出口三处模拟温度值与实测温度值最大差值为 1.144℃，最小差值为 −1.676℃，正负差值比较均匀，绝对平均差值为 0.523℃。可见工作面模拟温度与实际温度情况基本一致。

4.5　采场内温度场的热传导微分方程

从 9435 工作面模拟过程中模拟参数的选择可以看出，当工作面采场达到一定深度（9435 工作面接近 1000m 深）时，对热传导的研究要区别于以往浅层地温场的研究，辐射不能被忽略。

热传导有导热、对流和辐射三种方式。热量传导微分方程可描述采场内围岩和风流的温度与其相关物理量之间的关系。

建立如图 4-2 所示的微元六面体热传导示意图。

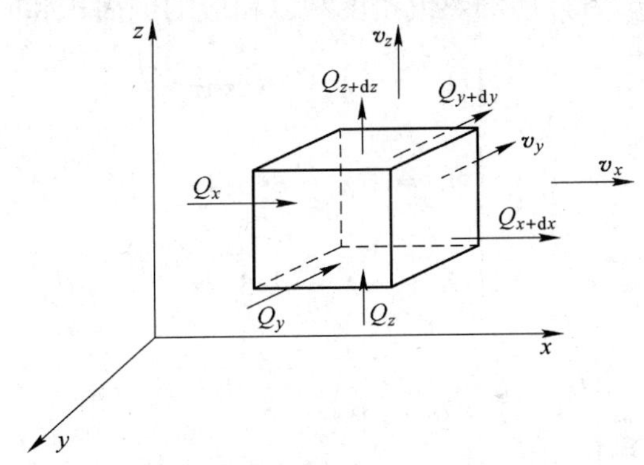

图 4-2 微元六面体热传导示意图[104]

设初始温度为 t，则风流通过微元六面体后，沿 x、y、z 方向的温度分别为

$$\begin{cases} t+\dfrac{\partial t}{\partial x}\mathrm{d}x \\ t+\dfrac{\partial t}{\partial y}\mathrm{d}y \\ t+\dfrac{\partial t}{\partial z}\mathrm{d}z \end{cases} \tag{4-4}$$

设介质内部沿 x、y、z 轴方向的温度梯度分别为 $\dfrac{\partial t}{\partial x}$、$\dfrac{\partial t}{\partial y}$、$\dfrac{\partial t}{\partial z}$，则沿 x、y、z 轴方向单位面积上的传导热流分量分别为

$$\begin{cases} q_{1x} = -\lambda_x \dfrac{\partial t}{\partial x} \\ q_{1y} = -\lambda_y \dfrac{\partial t}{\partial y} \\ q_{1z} = -\lambda_z \dfrac{\partial t}{\partial z} \end{cases} \tag{4-5}$$

则可得，在 $\mathrm{d}\tau$ 时间内以导热方式导入和导出微元六面体各侧面的热量为各方向的热流密度乘以相应的侧面积和时间，即

$$\begin{cases} Q_{1x} = -\lambda_x \dfrac{\partial t}{\partial x}\mathrm{d}y\mathrm{d}z\mathrm{d}\tau \\ Q_{1y} = -\lambda_y \dfrac{\partial t}{\partial y}\mathrm{d}x\mathrm{d}z\mathrm{d}\tau \\ Q_{1z} = -\lambda_z \dfrac{\partial t}{\partial z}\mathrm{d}x\mathrm{d}y\mathrm{d}\tau \end{cases} \tag{4-6}$$

$$\begin{cases} Q_{1(x+\mathrm{d}x)} = -\lambda_x \dfrac{\partial}{\partial x}\left(t + \dfrac{\partial t}{\partial x}\mathrm{d}x\right)\ \mathrm{d}y\mathrm{d}z\mathrm{d}\tau \\ Q_{1(y+\mathrm{d}y)} = -\lambda_y \dfrac{\partial}{\partial y}\left(t + \dfrac{\partial t}{\partial y}\mathrm{d}y\right)\ \mathrm{d}x\mathrm{d}z\mathrm{d}\tau \\ Q_{1(z+\mathrm{d}z)} = -\lambda_z \dfrac{\partial}{\partial z}\left(t + \dfrac{\partial t}{\partial z}\mathrm{d}z\right)\ \mathrm{d}x\mathrm{d}y\mathrm{d}\tau \end{cases} \tag{4-7}$$

设流体的比热容为 c_w，密度为 ρ_w，介质内部沿 x、y、z 轴方向的速度分量分别为 v_x、v_y、v_z，则流体运动沿 x、y、z 轴方向单位面积上的对流热流分量为

$$\begin{cases} q_{2x} = c_w\rho_w v_x t \\ q_{2y} = c_w\rho_w v_y t \\ q_{2z} = c_w\rho_w v_z t \end{cases} \tag{4-8}$$

则可得，在 $\mathrm{d}\tau$ 时间内以对流方式导入和导出微元六面体各侧面的热量为各方向的热流密度乘以相应的侧面积和时间，即

$$\begin{cases} Q_{2x}=c_w\rho_w v_x t\mathrm{d}y\mathrm{d}z\mathrm{d}\tau \\ Q_{2y}=c_w\rho_w v_y t\mathrm{d}x\mathrm{d}z\mathrm{d}\tau \\ Q_{2z}=c_w\rho_w v_z t\mathrm{d}x\mathrm{d}y\mathrm{d}\tau \end{cases} \tag{4-9}$$

$$\begin{cases} Q_{2(x+\mathrm{d}x)}=c_w\rho_w\ (V_x+\dfrac{\partial V_x}{\partial x}\mathrm{d}x)\ (t+\dfrac{\partial t}{\partial x}\mathrm{d}x)\ \mathrm{d}y\mathrm{d}z\mathrm{d}\tau \\ Q_{2(y+\mathrm{d}y)}=c_w\rho_w\ (V_y+\dfrac{\partial V_y}{\partial y}\mathrm{d}y)\ (t+\dfrac{\partial t}{\partial y}\mathrm{d}y)\ \mathrm{d}x\mathrm{d}z\mathrm{d}\tau \\ Q_{2(z+\mathrm{d}z)}=c_w\rho_w\ (V_z+\dfrac{\partial V_z}{\partial z}\mathrm{d}z)\ (t+\dfrac{\partial t}{\partial z}\mathrm{d}z)\ \mathrm{d}x\mathrm{d}y\mathrm{d}\tau \end{cases} \tag{4-10}$$

设介质内部沿 x、y、z 轴方向的热辐射黑度分别为 ε_x、ε_y、ε_z，则沿 x、y、z 轴方向单位面积上的辐射热流分量为

$$\begin{cases} q_{3x}=\varepsilon_x\sigma_0\ (273+t)^4 \\ q_{3y}=\varepsilon_y\sigma_0\ (273+t)^4 \\ q_{3z}=\varepsilon_z\sigma_0\ (273+t)^4 \end{cases} \tag{4-11}$$

则可得，在 $\mathrm{d}\tau$ 时间内以辐射方式导入和导出微元六面体各侧面的热量为各方向的热流密度乘以相应的侧面积和时间，即

$$\begin{cases} Q_{3x}=\varepsilon_x\sigma_0\ (273+t)^4\mathrm{d}y\mathrm{d}z\mathrm{d}\tau \\ Q_{3y}=\varepsilon_y\sigma_0\ (273+t)^4\mathrm{d}x\mathrm{d}z\mathrm{d}\tau \\ Q_{3z}=\varepsilon_z\sigma_0\ (273+t)^4\mathrm{d}x\mathrm{d}y\mathrm{d}\tau \end{cases} \tag{4-12}$$

$$\begin{cases} Q_{3(x+\mathrm{d}x)}=\varepsilon_x\sigma_0\ (273+t+\dfrac{\partial t}{\partial x}\mathrm{d}x)^4\mathrm{d}y\mathrm{d}z\mathrm{d}\tau \\ Q_{3(y+\mathrm{d}y)}=\varepsilon_y\sigma_0\ (273+t+\dfrac{\partial t}{\partial y}\mathrm{d}y)^4\mathrm{d}x\mathrm{d}z\mathrm{d}\tau \\ Q_{3(z+\mathrm{d}z)}=\varepsilon_z\sigma_0\ (273+t+\dfrac{\partial t}{\partial z}\mathrm{d}z)^4\mathrm{d}x\mathrm{d}y\mathrm{d}\tau \end{cases} \tag{4-13}$$

由能量守恒定律，可知：导入微元六面体的总热流量与微元六面体内热源的生成热的和等于微元六面体内热焓的变化与导出微元六面体的总热流量的和。

设微元六面体的密度为 ρ，比热容为 c，单位时间和单位体积内热源的生成热为 Q，则有下式

$$(Q_{1x}+Q_{1y}+Q_{1z})+(Q_{2x}+Q_{2y}+Q_{2z})+(Q_{3x}+Q_{3y}+Q_{3z})+$$

$$Q\mathrm{d}x\mathrm{d}y\mathrm{d}z\mathrm{d}\tau=c\rho\frac{\partial t}{\partial\tau}\mathrm{d}x\mathrm{d}y\mathrm{d}z\mathrm{d}\tau+(Q_{1(x+\mathrm{d}x)}+Q_{1(y+\mathrm{d}y)}+Q_{1(z+\mathrm{d}z)})+$$

$$(Q_{2(x+\mathrm{d}x)}+Q_{2(y+\mathrm{d}y)}+Q_{2(z+\mathrm{d}z)})+(Q_{3(x+\mathrm{d}x)}+Q_{3(y+\mathrm{d}y)}+Q_{3(z+\mathrm{d}z)}) \tag{4-14}$$

整理后，得

$$Q\mathrm{d}x\mathrm{d}y\mathrm{d}z\mathrm{d}\tau=c\rho\frac{\partial t}{\partial\tau}\mathrm{d}x\mathrm{d}y\mathrm{d}z\mathrm{d}\tau+[(Q_{1(x+\mathrm{d}x)}-Q_{1x})+(Q_{1(y+\mathrm{d}y)}-Q_{1y})+$$

$$(Q_{1(z+\mathrm{d}z)}-Q_{1z})]+[(Q_{2(x+\mathrm{d}x)}-Q_{2x})+(Q_{2(y+\mathrm{d}y)}-Q_{2y})+$$

$$(Q_{2(z+\mathrm{d}z)}-Q_{2z})]+[(Q_{3(x+\mathrm{d}x)}-Q_{3x})+(Q_{3(y+\mathrm{d}y)}-Q_{3y})+$$

$$(Q_{3(z+\mathrm{d}z)}-Q_{3z})] \tag{4-15}$$

根据式（4-6）和式（4-7），可得

$$Q_{1(x+\mathrm{d}x)}-Q_{1x}=-\lambda_x\frac{\partial}{\partial x}\left(t+\frac{\partial t}{\partial x}\mathrm{d}x\right)\mathrm{d}y\mathrm{d}z\mathrm{d}\tau+\lambda_x\frac{\partial t}{\partial x}\mathrm{d}y\mathrm{d}z\mathrm{d}\tau$$

整理后，得

$$Q_{1(x+\mathrm{d}x)}-Q_{1x}=-\lambda_x\frac{\partial^2 t}{\partial x^2}\mathrm{d}x\mathrm{d}y\mathrm{d}z\mathrm{d}\tau \tag{4-16}$$

同理，可得

$$Q_{1(y+\mathrm{d}y)}-Q_{1y}=-\lambda_y\frac{\partial^2 t}{\partial y^2}\mathrm{d}x\mathrm{d}y\mathrm{d}z\mathrm{d}\tau \tag{4-17}$$

$$Q_{1(z+\mathrm{d}z)}-Q_{1z}=-\lambda_z\frac{\partial^2 t}{\partial z^2}\mathrm{d}x\mathrm{d}y\mathrm{d}z\mathrm{d}\tau \tag{4-18}$$

根据式（4-9）和式（4-10），可得

$$Q_{2(x+\mathrm{d}x)}-Q_{2x}=c_{\mathrm{w}}\rho_{\mathrm{w}}\left(v_x+\frac{\partial V_x}{\partial x}\mathrm{d}x\right)\left(t+\frac{\partial t}{\partial x}\mathrm{d}x\right)\mathrm{d}y\mathrm{d}z\mathrm{d}\tau-c_{\mathrm{w}}\rho_{\mathrm{w}}v_x t\mathrm{d}y\mathrm{d}z\mathrm{d}\tau$$

整理，略去高次项后，得

$$Q_{2(x+\mathrm{d}x)} - Q_{2x} = c_{\mathrm{w}}\rho_{\mathrm{w}}v_x\frac{\partial t}{\partial x}\mathrm{d}x\mathrm{d}y\mathrm{d}z\mathrm{d}\tau \tag{4-19}$$

同理，可得

$$Q_{2(y+\mathrm{d}y)} - Q_{2y} = c_{\mathrm{w}}\rho_{\mathrm{w}}v_y\frac{\partial t}{\partial y}\mathrm{d}x\mathrm{d}y\mathrm{d}z\mathrm{d}\tau \tag{4-20}$$

$$Q_{2(z+\mathrm{d}z)} - Q_{2z} = c_{\mathrm{w}}\rho_{\mathrm{w}}v_z\frac{\partial t}{\partial z}\mathrm{d}x\mathrm{d}y\mathrm{d}z\mathrm{d}\tau \tag{4-21}$$

根据式（4-12）和式（4-13），可得

$$Q_{3(x+\mathrm{d}x)} - Q_{3x} = \varepsilon_x\sigma_0(273+t+\frac{\partial t}{\partial x}\mathrm{d}x)^4\mathrm{d}y\mathrm{d}z\mathrm{d}\tau + \varepsilon_x\sigma_0(273+t)^4\mathrm{d}y\mathrm{d}z\mathrm{d}\tau$$

整理，略去高次项后，得

$$Q_{3(x+\mathrm{d}x)} - Q_{3x} = 4\varepsilon_x\sigma_0(273+t)^4\frac{\partial t}{\partial x}\mathrm{d}x\mathrm{d}y\mathrm{d}z\mathrm{d}\tau \tag{4-22}$$

同理，可得

$$Q_{3(y+\mathrm{d}y)} - Q_{3y} = 4\varepsilon_y\sigma_0(273+t)^4\frac{\partial t}{\partial y}\mathrm{d}x\mathrm{d}y\mathrm{d}z\mathrm{d}\tau \tag{4-23}$$

$$Q_{3(z+\mathrm{d}z)} - Q_{3z} = 4\varepsilon_z\sigma_0(273+t)^4\frac{\partial t}{\partial z}\mathrm{d}x\mathrm{d}y\mathrm{d}z\mathrm{d}\tau \tag{4-24}$$

将式（4-16）~式（4-24）代入式（4-15），得

$$Q\mathrm{d}x\mathrm{d}y\mathrm{d}z\mathrm{d}\tau = c\rho\frac{\partial t}{\partial \tau}\mathrm{d}x\mathrm{d}y\mathrm{d}z\mathrm{d}\tau + \left(-\lambda_x\frac{\partial^2 t}{\partial x^2} - \lambda_y\frac{\partial^2 t}{\partial y^2} - \lambda_z\frac{\partial^2 t}{\partial z^2}\right)\mathrm{d}x\mathrm{d}y\mathrm{d}z\mathrm{d}\tau + c_{\mathrm{w}}\rho_{\mathrm{w}}\left(v_x\frac{\partial t}{\partial x} + v_y\frac{\partial t}{\partial y} + v_z\frac{\partial t}{\partial z}\right)\mathrm{d}x\mathrm{d}y\mathrm{d}z\mathrm{d}\tau + \left[4\sigma_0(273+t)^4\left(\varepsilon_x\frac{\partial t}{\partial x} + \varepsilon_y\frac{\partial t}{\partial y} + \varepsilon_z\frac{\partial t}{\partial z}\right)\right]\mathrm{d}x\mathrm{d}y\mathrm{d}z\mathrm{d}\tau$$

整理后，得

$$c\rho\frac{\partial t}{\partial \tau} = \left(\lambda_x\frac{\partial^2 t}{\partial x^2} + \lambda_y\frac{\partial^2 t}{\partial y^2} + \lambda_z\frac{\partial^2 t}{\partial z^2}\right) - c_{\mathrm{w}}\rho_{\mathrm{w}}\left(v_x\frac{\partial t}{\partial x} + v_y\frac{\partial t}{\partial y} + v_z\frac{\partial t}{\partial z}\right) -$$

$$4\sigma_0(273+t)^4(\varepsilon_x\frac{\partial t}{\partial x}+\varepsilon_y\frac{\partial t}{\partial y}+\varepsilon_z\frac{\partial t}{\partial z})+Q \tag{4-25}$$

式（4-25）即为考虑导热、对流和辐射三种方式的共同作用时的深部地层热传导微分方程。

在浅部地层中，热传导微分方程中可以忽略辐射作用的一项，即 $4\sigma_0(273+t)^4(\varepsilon_x\frac{\partial t}{\partial x}+\varepsilon_y\frac{\partial t}{\partial y}+\varepsilon_z\frac{\partial t}{\partial z})$ 可以被忽略，但随着开采深度的增加，岩体的温度不断提高，其辐射能力不断增强，辐射在热量传导的作用也已显现出来，故不可再被忽略。

结　语

本章通过对采场内热源的分析，从理论上探讨了采场内热环境条件下的热交换规律，获得了以下结论：

（1）影响矿井井下热环境的主要因素有围岩散热、矿井热水散热、进风风流温度、氧化放热、空气压缩放热、机电设备放热、采掘后的矿体放热、人体放热等。

（2）从 9435 工作面模拟过程中模拟参数的选择可以看出，当工作面采场达到一定深度（9435 工作面接近 1000m 深）时，对热传导的研究要区别于以往浅层地温场的研究，辐射不能被忽略。

（3）综合考虑导热、对流、辐射共同作用下的深部地层热传导微分方程为

$$c\rho\frac{\partial t}{\partial \tau}=(\lambda_x\frac{\partial^2 t}{\partial x^2}+\lambda_y\frac{\partial^2 t}{\partial y^2}+\lambda_z\frac{\partial^2 t}{\partial z^2})-c_w\rho_w(v_x\frac{\partial t}{\partial x}+v_y\frac{\partial t}{\partial y}+v_z\frac{\partial t}{\partial z})-$$

$$4\sigma_0(273+t)^4(\varepsilon_x\frac{\partial t}{\partial x}+\varepsilon_y\frac{\partial t}{\partial y}+\varepsilon_z\frac{\partial t}{\partial z})+Q$$

5 矿用水源热泵系统及其性能分析

5.1 水源热泵系统替代燃煤锅炉的必要性和可行性

目前，我国每年采煤排出的地下水约 $45\times10^{8}m^{3}$，一般吨煤排放 $2.5m^{3}$ 矿井涌水，大水矿井的吨煤排水甚至高达 $10m^{3}$ 以上。如太行山东南麓的煤矿区，排水量为 $1034m^{3}/min$，鲁中南的煤矿区，排水量为 $543m^{3}/min$[118]。但是，目前我国矿井排水的处理、利用率都不高，绝大多数矿井排水未经处理就直接排掉[119]。这样排出的矿井水含有大量悬浮物、盐类，甚至酸性成分和重金属等，严重破坏了矿区及周围地区的环境和生态。据不完全统计，我国现有矿井约 1.7 万个，现有的供暖系统基本上还是采用燃煤锅炉的供暖方式，每个矿平均每年供热耗煤约 0.5 万吨，全国矿区年排放二氧化碳气体约 1.6 亿吨，由此造成了极大的资源浪费和环境污染。如果采用水源热泵系统，不但可以充分利用矿井涌水中的热能资源，而且可以节约大量的煤炭资源，仅供暖就可节约 0.85 亿吨煤炭，不但可以提高企业的经济效益，同时还有很好的社会效益。

5.2 水源热泵性能影响因素

水源热泵机组的性能系数（coefficient of performance，简称 COP）是衡量热泵系统制热效果性能的标准之一。在制冷系统中，制冷效果性能可用能效比（energy efficiency ration，简称 EER）衡量[120]。

在制热工况下运行时的实际制热量与实际消耗功率之比，称为性能系数（COP），其关系式为

$$COP = \frac{Q}{W} \tag{5-1}$$

式中 Q——实际制热量，kW；

W——实际消耗功率，kW。

COP 值越大说明热泵系统的制热效率越高、越节能。

在制冷工况运行时的实际制冷量与实际消耗功率之比，称为能效比（EER），其关系式为

$$EER = \frac{Q'}{W'} \tag{5-2}$$

式中 Q'——实际制冷量，kW；

W'——实际消耗功率，kW。

EER 值越大也说明热泵系统的制冷效率越高、越节能。本章主要讨论制热工况下 COP 值的影响因素。影响水源热泵机组 COP 值的因素分为两大类：（1）客观因素；（2）主观因素。

5.2.1 客观因素

客观因素是指水源热泵机组在加工和使用过程中人为不可控制和调节的因素。主要包括压缩机相关参数及性能[121~124]，如压缩机的类型、结构形式、结构尺寸、换热面积、加工质量以及部件磨损程度等，水源热泵机组的工质[125~131]，水源的水质[132~134]，水源的供水稳定性[135]等因素。

5.2.2 主观因素

主观因素是指水源热泵机组在加工和使用过程中人为可控制和调节的因素。主要包括水源（蒸发侧冷冻水）的水量、进水温度[136,137]以及提取温差[138~140]等因素。

本章以清华同方半封闭螺杆式 SGHP（MH）型系列水源热泵机组在制热工况下的运行为例来分析问题。值得注意的是，此系列水源热泵机组是定流量变温差型水源热泵机组。因此，本章的重点将针对此类型的水源热泵机组，研究其冷冻水进水温度及提取温差的变化对其性能的影响。

5.2.2.1 冷冻水进水温度对水源热泵性能的影响

水源热泵机组的制热量在相同提取温差的情况下，会随冷冻水进水温度的升高而增大。这主要是由于进水温度升高时，系统的蒸发压力提高，压缩机的吸气压力也提高，系统中的制冷剂流量增加，因此制热量增大。

清华同方半封闭螺杆式 SGHP（MH）型系列水源热泵机组的冷冻水进水温度对其性能参数的影响分析详见 5.3 节。

5.2.2.2 冷冻水提取温差对水源热泵性能的影响

水源热泵机组的制热量在冷冻水进水温度相同的情况下，会随提取温差的加大而增大。这主要是由于冷冻水回水温度降低时，系统中的蒸发压力降低，节流阀的进气压力增大，使系统中的制冷剂流量增加，制热量也相应增大。

清华同方半封闭螺杆式 SGHP（MH）型系列水源热泵机组的冷冻水提取温差对其性能参数的影响分析详见 5.4 节。

5.3 相同温差不同进水温度对 COP 值的影响

本节以清华同方半封闭螺杆式 SGHP（MH）型系列水源热泵机组为例来分析此问题。

表 5-1 为 SGHP2300MH、SGHP2700MH、SGHP3100MH 三种水源热泵机组在相同温差（取 7℃）和不同进水温度（8 ~ 25℃）下的参数表。这里提请注意的是，冷却水供/回水温度为 60℃/50℃。

表 5-1 水源热泵不同进水温度参数表

冷冻水进/出水温度	8℃/1℃			9℃/2℃			10℃/3℃		
项目 机组型号	制热量/kW	输入功率/kW	COP	制热量/kW	输入功率/kW	COP	制热量/kW	输入功率/kW	COP
SGHP2300MH	1389	503	2.76	1414	506	2.79	1438	509	2.83
SGHP2700MH	1626	580	2.80	1655	583	2.84	1683	586	2.87
SGHP3100MH	1843	655	2.81	1875	659	2.85	1907	663	2.88
冷冻水进/出水温度	11℃/4℃			12℃/5℃			13℃/6℃		
项目 机组型号	制热量/kW	输入功率/kW	COP	制热量/kW	输入功率/kW	COP	制热量/kW	输入功率/kW	COP
SGHP2300MH	1464	512	2.86	1490	514	2.90	1519	517	2.94
SGHP2700MH	1714	590	2.91	1745	593	2.94	1779	596	2.98
SGHP3100MH	1942	666	2.92	1977	669	2.96	2015	673	3.00
冷冻水进/出水温度	14℃/7℃			15℃/8℃			16℃/9℃		
项目 机组型号	制热量/kW	输入功率/kW	COP	制热量/kW	输入功率/kW	COP	制热量/kW	输入功率/kW	COP
SGHP2300MH	1548	519	2.98	1577	522	3.02	1609	524	3.07
SGHP2700MH	1812	599	3.03	1846	602	3.07	1883	605	3.11
SGHP3100MH	2054	676	3.04	2092	680	3.08	2134	683	3.12
冷冻水进/出水温度	17℃/10℃			18℃/11℃			19℃/12℃		
项目 机组型号	制热量/kW	输入功率/kW	COP	制热量/kW	输入功率/kW	COP	制热量/kW	输入功率/kW	COP
SGHP2300MH	1640	527	3.11	1672	529	3.16	1708	531	3.21
SGHP2700MH	1921	607	3.16	1958	610	3.21	2000	613	3.26
SGHP3100MH	2177	686	3.17	2219	689	3.22	2266	692	3.28

续表 5-1

冷冻水进/出水温度	20℃/13℃			21℃/14℃			22℃/15℃		
机组型号＼项目	制热量/kW	输入功率/kW	COP	制热量/kW	输入功率/kW	COP	制热量/kW	输入功率/kW	COP
SGHP2300MH	1743	534	3.27	1779	536	3.32	1814	538	3.37
SGHP2700MH	2041	615	3.32	2083	618	3.37	2124	620	3.43
SGHP3100MH	2313	695	3.33	2360	697	3.38	2407	700	3.44
冷冻水进/出水温度	23℃/16℃			24℃/17℃			25℃/18℃		
机组型号＼项目	制热量/kW	输入功率/kW	COP	制热量/kW	输入功率/kW	COP	制热量/kW	输入功率/kW	COP
SGHP2300MH	1853	540	3.43	1891	542	3.49	1930	544	3.55
SGHP2700MH	2169	622	3.49	2215	625	3.55	2260	627	3.60
SGHP3100MH	2458	703	3.50	2510	705	3.56	2561	708	3.62

5.3.1 制热量与进水温度关系分析

将SGHP2300MH、SGHP2700MH、SGHP3100MH三种水源热泵机组在相同温差（7℃）和不同进水温度（8～25℃）下的制热量单独列于表5-2中，此时冷却水供/回水温度仍为60℃/50℃。

表5-2 水源热泵不同进水温度制热量统计表

机组型号＼制热量/kW＼冷冻水进/出水温度	8℃/1℃	9℃/2℃	10℃/3℃	11℃/4℃	12℃/5℃	13℃/6℃
SGHP2300MH	1389	1414	1438	1464	1490	1519
SGHP2700MH	1626	1655	1683	1714	1745	1779
SGHP3100MH	1843	1875	1907	1942	1977	2015

续表 5-2

机组型号 \ 制热量/kW \ 冷冻水进/出水温度	14℃/7℃	15℃/8℃	16℃/9℃	17℃/10℃	18℃/11℃	19℃/12℃
SGHP2300MH	1548	1577	1609	1640	1672	1708
SGHP2700MH	1812	1846	1883	1921	1958	2000
SGHP3100MH	2054	2092	2134	2177	2219	2266
机组型号 \ 制热量/kW \ 冷冻水进/出水温度	20℃/13℃	21℃/14℃	22℃/15℃	23℃/16℃	24℃/17℃	25℃/18℃
SGHP2300MH	1743	1779	1814	1853	1891	1930
SGHP2700MH	2041	2083	2124	2169	2215	2260
SGHP3100MH	2313	2360	2407	2458	2510	2561

根据表 5-2 中的数据，绘制制热量与冷冻水进水温度关系曲线，如图 5-1 所示。

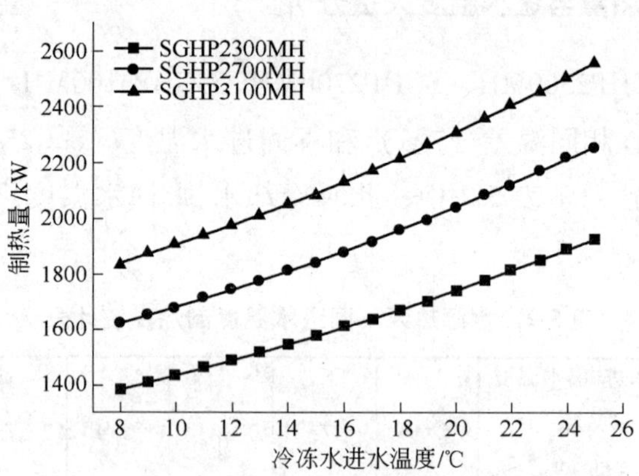

图 5-1 制热量与冷冻水进水温度关系曲线图

从图 5-1 中可以看出，在相同温差（7℃）工况下，三种水源热泵机组的制热量均会随冷冻水进水温度的升高而增大。但增长的幅度（表现在图中即为曲线斜率的变化）稍有不同，SGHP3100MH的斜率相对最大，SGHP2300MH的斜率相对最小，SGHP2700MH的斜率居中。详细分析见5.4节。

5.3.2 输入功率与进水温度关系分析

将SGHP2300MH、SGHP2700MH、SGHP3100MH三种水源热泵机组在相同温差（7℃）和不同进水温度（8～25℃）下的输入功率单独列于表5-3中，此时冷却水供/回水温度仍为60℃/50℃。

表5-3 水源热泵不同进水温度输入功率统计表

机组型号 \ 输入功率/kW \ 冷冻水进/出水温度	8℃/1℃	9℃/2℃	10℃/3℃	11℃/4℃	12℃/5℃	13℃/6℃
SGHP2300MH	503	506	509	512	514	517
SGHP2700MH	580	583	586	590	593	596
SGHP3100MH	655	659	663	666	669	673
机组型号 \ 输入功率/kW \ 冷冻水进/出水温度	14℃/7℃	15℃/8℃	16℃/9℃	17℃/10℃	18℃/11℃	19℃/12℃
SGHP2300MH	519	522	524	527	529	531
SGHP2700MH	599	602	605	607	610	613
SGHP3100MH	676	680	683	686	689	692
机组型号 \ 输入功率/kW \ 冷冻水进/出水温度	20℃/13℃	21℃/14℃	22℃/15℃	23℃/16℃	24℃/17℃	25℃/18℃
SGHP2300MH	534	536	538	540	542	544
SGHP2700MH	615	618	620	622	625	627
SGHP3100MH	695	697	700	703	705	708

根据表 5-3 中的数据，绘制输入功率与冷冻水进水温度关系曲线，如图 5-2 所示。

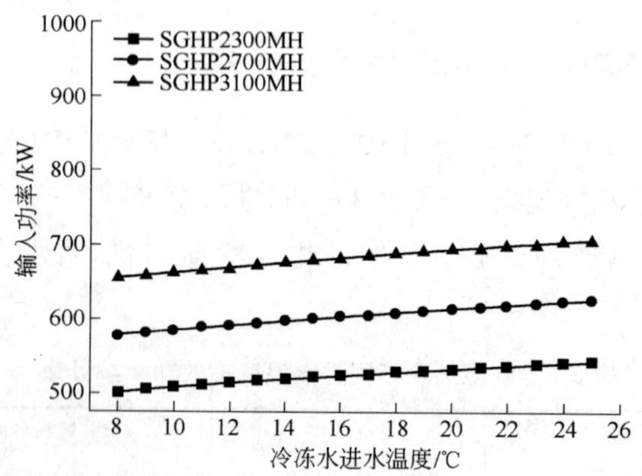

图 5-2 输入功率与冷冻水进水温度关系曲线图

从图 5-2 中可以看出，在相同温差（7℃）工况下，三种水源热泵机组的输入功率均会随冷冻水进水温度的升高而增大，但输入功率增长的幅度（表现在图中即为曲线斜率的变化）相差不多（即三条曲线的斜率基本相同）。详细分析见 5.4 节。

5.3.3 制热量与输入功率关系分析

本节从两个方面来分析制热量与输入功率的关系：一是制热量增量和输入功率增量随冷冻水进水温度增高时的变化规律；二是 COP 值随冷冻水进水温度增高时的变化规律。

将 SGHP2300MH、SGHP2700MH、SGHP3100MH 三种水源热泵机组在相同温差（7℃）和不同进水温度（8～25℃）下的制热量增量、输入功率增量和 COP 值列于表 5-4 中，此时冷却水供/回水温度仍为 60℃/50℃。

表5-4　水源热泵不同进水温度制热量增量、输入功率增量和COP值统计表

冷冻水进/出水温度	8℃/1℃			9℃/2℃			10℃/3℃		
项目 机组型号	制热量增量/kW	输入功率增量/kW	COP	制热量增量/kW	输入功率增量/kW	COP	制热量增量/kW	输入功率增量/kW	COP
SGHP2300MH	—	—	2.76	25	3	2.79	25	3	2.83
SGHP2700MH	—	—	2.80	29	3	2.84	29	3	2.87
SGHP3100MH	—	—	2.81	32	4	2.85	32	4	2.88
冷冻水进/出水温度	11℃/4℃			12℃/5℃			13℃/6℃		
项目 机组型号	制热量增量/kW	输入功率增量/kW	COP	制热量增量/kW	输入功率增量/kW	COP	制热量增量/kW	输入功率增量/kW	COP
SGHP2300MH	26	3	2.86	26	3	2.90	29	3	2.94
SGHP2700MH	31	4	2.91	31	4	2.94	34	3	2.98
SGHP3100MH	35	3	2.92	35	3	2.96	38	4	3.00
冷冻水进/出水温度	14℃/7℃			15℃/8℃			16℃/9℃		
项目 机组型号	制热量增量/kW	输入功率增量/kW	COP	制热量增量/kW	输入功率增量/kW	COP	制热量增量/kW	输入功率增量/kW	COP
SGHP2300MH	29	3	2.98	29	3	3.02	32	2	3.07
SGHP2700MH	34	3	3.03	34	3	3.07	37	3	3.11
SGHP3100MH	38	4	3.04	38	4	3.08	42	3	3.12
冷冻水进/出水温度	17℃/10℃			18℃/11℃			19℃/12℃		
项目 机组型号	制热量增量/kW	输入功率增量/kW	COP	制热量增量/kW	输入功率增量/kW	COP	制热量增量/kW	输入功率增量/kW	COP
SGHP2300MH	32	2	3.11	32	2	3.16	36	2	3.21
SGHP2700MH	37	3	3.16	37	3	3.21	42	3	3.26
SGHP3100MH	42	3	3.17	42	3	3.22	47	3	3.28

续表 5-4

冷冻水进/出水温度	20℃/13℃			21℃/14℃			22℃/15℃		
项目 机组型号	制热量增量/kW	输入功率增量/kW	COP	制热量增量/kW	输入功率增量/kW	COP	制热量增量/kW	输入功率增量/kW	COP
SGHP2300MH	36	2	3.27	36	2	3.32	36	2	3.37
SGHP2700MH	42	3	3.32	42	3	3.37	42	3	3.43
SGHP3100MH	47	3	3.33	47	3	3.38	47	3	3.44
冷冻水进/出水温度	23℃/16℃			24℃/17℃			25℃/18℃		
项目 机组型号	制热量增量/kW	输入功率增量/kW	COP	制热量增量/kW	输入功率增量/kW	COP	制热量增量/kW	输入功率增量/kW	COP
SGHP2300MH	39	2	3.43	39	2	3.49	39	2	3.55
SGHP2700MH	45	2	3.49	45	2	3.55	45	2	3.60
SGHP3100MH	51	3	3.50	51	3	3.56	51	3	3.62

5.3.3.1 制热量与输入功率增量变化规律分析

根据表 5-4 中的相关数据，绘制制热量增量、输入功率增量与冷冻水进水温度关系曲线，如图 5-3 所示。

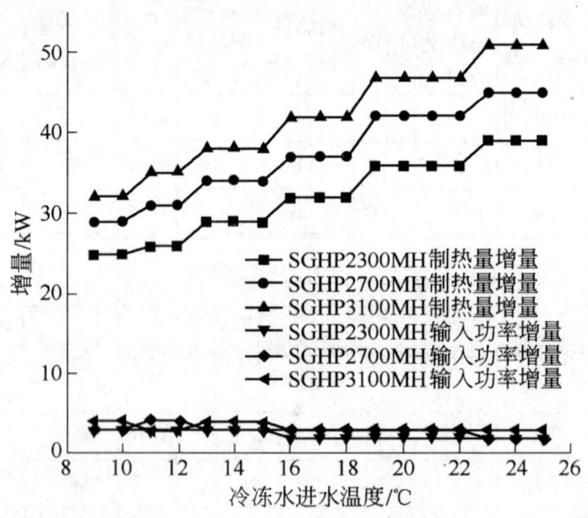

图 5-3 制热量增量、输入功率增量与冷冻水进水温度关系曲线图

从图 5-3 可以看出，随着冷冻水进水温度的升高，制热量增量的增加幅度明显大于输入功率增量的增加幅度，并且输入功率增量随冷冻水进水温度升高略有降低。这说明，冷冻水进水温度的升高，会在小幅度增加输入功率的前提下大幅度地增加制热量，也就是说随着冷冻水进水温度的升高，水源热泵的机组 COP 值会增大。

5.3.3.2　COP 值变化规律分析

根据表 5-4 中的数据，绘制 COP 值与冷冻水进水温度关系曲线，如图 5-4 所示。

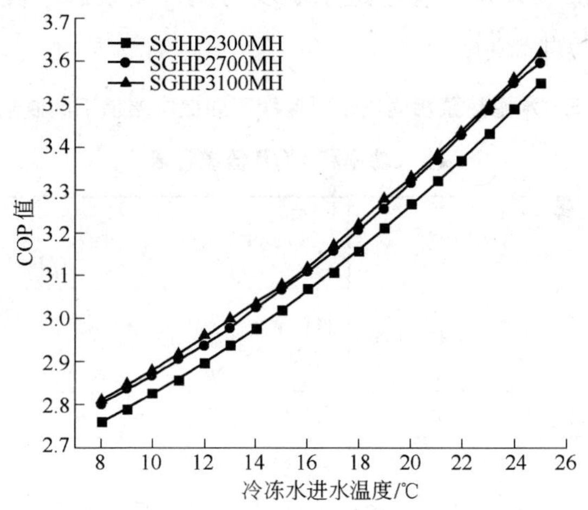

图 5-4　COP 值与冷冻水进水温度关系曲线图

从图 5-4 可以看出，在相同冷冻水进水温度和相同温差（7℃）的条件下，COP 值会随着进水温度的升高而增大。制热量相对较大的水源热泵机组，其 COP 值也会相对大些，即 SGHP3100MH 的 COP 值相对最大，SGHP2300MH 的 COP 值相对最小，SGHP2700MH 的 COP 值居中。

5.4 相同进水温度不同提取温差对 COP 值的影响

本节设定相同型号的水源热泵机组以及相同的冷冻水进水温度，但取不同冷冻水回水温度，即取不同提取温差，研究不同提取温差与 COP 值的变化规律。

现将 SGHP2300MH、SGHP2700MH、SGHP3100MH 三种水源热泵机组在相同冷冻水进水温度（15℃）和不同提取温差（5～10℃）下的制热量、输入功率和 COP 值列于表 5-5 中，此时冷却水供/回水温度为 60℃/50℃。

本节仅以 15℃冷冻水进水温度为例，其余进水温度的研究分析方法与此相同。

表 5-5 水源热泵相同进水温度和不同提取温差下的制热量、输入功率和 COP 值统计表

冷冻水进/出水温度	15℃/5℃			15℃/6℃			15℃/7℃		
项目 机组型号	制热量/kW	输入功率/kW	COP	制热量/kW	输入功率/kW	COP	制热量/kW	输入功率/kW	COP
SGHP2300MH	2350	843	2.79	2084	728	2.86	1827	621	2.94
SGHP2700MH	2745	967	2.84	2435	836	2.91	2135	713	2.99
SGHP3100MH	3110	1093	2.85	2761	945	2.92	2421	807	3.00
冷冻水进/出水温度	15℃/8℃			15℃/9℃			15℃/10℃		
项目 机组型号	制热量/kW	输入功率/kW	COP	制热量/kW	输入功率/kW	COP	制热量/kW	输入功率/kW	COP
SGHP2300MH	1577	522	3.02	1335	431	3.10	1099	345	3.18
SGHP2700MH	1846	602	3.07	1561	495	3.15	1286	397	3.24
SGHP3100MH	2092	680	3.08	1770	560	3.16	1457	449	3.25

5.4.1 制热量与提取温差关系分析

根据表 5-5 中的数据，绘制相同进水温度和不同温差下的制热量与提取温差关系曲线，如图 5-5 所示。

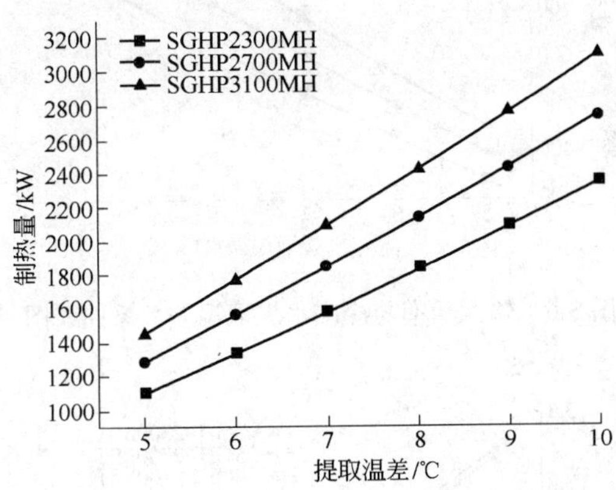

图 5-5 制热量与冷冻水提取温差关系曲线图

从图 5-5 中可以看出，在相同冷冻水进水温度的情况下，水源热泵机组的制热量随着冷冻水提取温差的增大而增大。

5.4.2 输入功率与提取温差关系分析

根据表 5-5 中的数据，绘制相同进水温度和不同温差下的输入功率与提取温差关系曲线，如图 5-6 所示。

从图 5-6 中可以看出，在相同冷冻水进水温度的情况下，水源热泵机组的输入功率随着冷冻水提取温差的增大而增大。

5.4.3 COP 值与提取温差关系分析

根据表 5-5 中的数据，绘制相同进水温度不同温差的 COP 值与提取温差关系曲线，如图 5-7 所示。

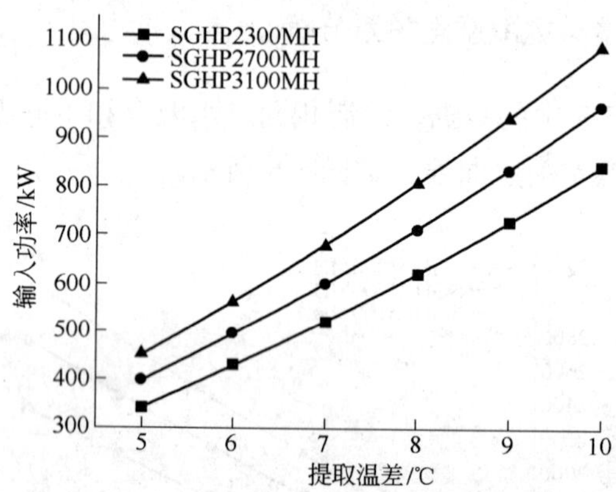

图 5-6 输入功率与冷冻水提取温差关系曲线图

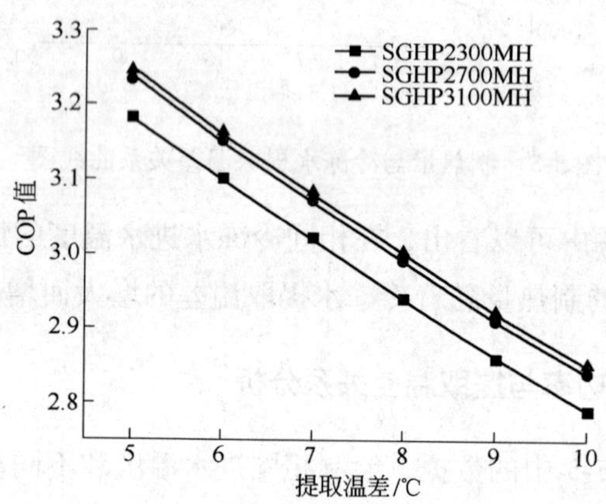

图 5-7 COP 值与冷冻水提取温差关系曲线图

从图 5-7 中可以看出，在相同冷冻水进水温度的情况下，水源热泵机组的 COP 值随着冷冻水提取温差的增大而减小。

5.4.4 相同进水温度不同回水温度下性能综合分析

根据以上内容的分析，水源热泵机组的制热量和输入功率与提取温差具有相同的发展趋势，而 COP 值与提取温差则具有相反的发展趋势。

实际工程应用中，可能会出现以下两种情形：

（1）当水源侧水量充足，可以满足水源热泵机组蒸发侧对水流量需求，并且可以兼顾用户端对制热量的要求和水源热泵机组的运行效率的情况下，往往应在满足用户端热负荷要求的基本前提下，尽量考虑水源热泵机组的运行效率，以使系统经济运行。

（2）当水源侧水量较小，不足以满足水源热泵机组在标准工况下蒸发侧对水流量的需求，但从水源中提取的总热量可满足用户端热负荷要求的前提下，必须考虑加大提取温差以满足用户端对制热量的要求，而水源热泵机组的运行效率此时则应被放到次要的地位来考虑。

结　语

本章通过对水源热泵机组制热性能影响因素的研究，分析了水源热泵机组 COP 值与冷冻水进水温度和冷冻水提取温差的关系，可获得以下结论：

（1）水源热泵性能影响因素有：压缩机相关参数及性能、水源热泵机组的工质、水源的水质、水源的供水稳定性等客观因素；水源（蒸发侧冷冻水）的水量、进水温度和提取温差等主观因素。

（2）在相同温差的情况下，水源热泵机组的制热量、输入功率以及 COP 值均会随冷冻水进水温度的升高而增加。但制热量随进水温度升高而产生的增量会比输入功率随进水温度升高而产生的增量大许多，两种增量的大小差异表现为 COP 值随冷冻水进水温度的升高而增加。

（3）在相同的冷冻水进水温度的情况下，水源热泵机组的制热量和输入功率随着冷冻水提取温差的加大而增大，而 COP 值却随着冷冻水提取温差的加大而减小。实际工程应用中，在水源水量或从水源中提取的总热量可以满足用户端热负荷要求的前提下，水源水量充足时，应适当优先考虑减少提取温差，以使系统运行更经济；水源水量不足时，应优先考虑加大提取温差，以使系统满足用户端对热负荷要求。

6　矿井涌水温度与煤炭价格平衡点分析

6.1　不同进水温度下耗电量与耗煤量对应关系分析

《环境统计手册》[141]提供了一个较方便的经验公式，用于计算燃煤锅炉在提供额定热负荷下的耗煤量

$$G = \frac{Q}{qn} \tag{6-1}$$

式中　G——锅炉额定热负荷下的耗煤量，kg/h；

Q——额定热负荷下的有效利用热，kJ/h；

q——燃煤热值，kJ/kg，动力煤的热值为3488～4651kJ/kg；

n——锅炉热效率，一般为65%～68%。

说明：本小节以下计算所用额定热负荷下的有效利用热 Q 即为水源热泵的制热量；动力煤的热值 q 取4651kJ/kg；锅炉热效率 n 取65%。

清华同方 SGHP2300MH、SGHP2700MH、SGHP3100MH 三种水源热泵机组均是定流量变温差型水源热泵机组。本节以7℃提取温差为例展开讨论。

三种水源热泵机组的流量及所需的水泵功率如表6-1所示。

表6-1　三种水源热泵机组流量及水泵功率参数表

项　目 / 机组型号	水源侧流量 /$m^3 \cdot h^{-1}$	水泵功率 /kW	用户侧流量 /$m^3 \cdot h^{-1}$	水泵功率 /kW
SGHP2300MH	113	75	136	22

续表 6-1

项目 机组型号	水源侧流量 /$m^3 \cdot h^{-1}$	水泵功率 /kW	用户侧流量 /$m^3 \cdot h^{-1}$	水泵功率 /kW
SGHP2700MH	134	75	159	22
SGHP3100MH	152	75	180	22

其中，水泵的选取参照凯泉 KQW 系列水泵的参数来进行，详见表 6-2。

表 6-2 水泵参数表

参数 型号	流量/$m^3 \cdot h^{-1}$	扬程/m	功率/kW
KQW150/460-75/4	140	85	75
	200	80	
	240	75	
KQW150/320-22/4	112	34	22
	160	32	
	192	28	

水源热泵机组的耗电量，可按下式计算

$$W = Pt \tag{6-2}$$

式中 W——耗电量，kW · h；

P——功率，kW；

t——时间，h。

根据式（6-2），可得水源热泵机组的耗电量

$$W = (P_1 + P_2 + P_3)\eta t \tag{6-3}$$

式中 W——耗电量，kW · h；

P_1——水源热泵机组输入功率，kW；

P_2——水源侧水泵总功率，kW；

P_3——用户侧水泵总功率，kW；

η——系统运行效率；

t——时间，h。

说明：本小节以下计算所用水源热泵机组输入功率 P_1 根据表6-1 分别取值；水源侧水泵总功率 P_2 根据表6-1 取75kW；用户侧水泵总功率 P_3 根据表6-1 取22kW；系统运行效率 η 根据清华同方多年对水源热泵机组运行的监测数据，其范围在55% ~ 65%之间，取60%。

根据式（6-3）可得水源热泵机组在单位时间内的耗电量

$$W = 0.6(P_1 + 97) \tag{6-4}$$

式中　W——单位时间内的耗电量，kW·h；

P_1——水源热泵机组输入功率，kW。

根据表5-1 中不同进水温度对应水源热泵机组制热量的统计数据和公式（6-1），可计算出燃煤锅炉在单位时间内产生对应额定热负荷所需要的耗煤量。另外，根据表5-1 中不同进水温度对应水源热泵机组输入功率的统计数据和公式（6-4），可计算出水源热泵机组单位时间内的耗电量。在计算中，假设水源水量是充足的，即水源水量可以满足单台水源热泵对冷冻水流量的需求。不同进水温度下的耗电量和耗煤量详见表6-3。

从表6-3 中可以看出，耗电量及耗煤量均随着进水温度的升高而增加。

设电价为 x 元/kW·h，煤价为 y 元/t，则 Wx 表示单位时间内的电费，Gy 表示单位时间内的燃煤费，那么

当 $Wx > Gy$ 时，表示水源热泵系统不如燃煤锅炉系统经济。

当 $Wx < Gy$ 时，表示水源热泵系统比燃煤锅炉系统经济。

表 6-3 不同进水温度下的耗电量和耗煤量统计表

冷冻水进/出水温度	8℃/1℃				9℃/2℃				10℃/3℃			
项目 机组型号	总功率/kW	效率	耗电量/kW·h	耗煤量/kg·h^{-1}	总功率/kW	效率	耗电量/kW·h	耗煤量/kg·h^{-1}	总功率/kW	效率	耗电量/kW·h	耗煤量/kg·h^{-1}
SGHP2300MH	600	0.6	360	459.4	603	0.6	361.8	467.7	606	0.6	363.6	475.6
SGHP2700MH	677	0.6	406.2	537.8	680	0.6	408	547.4	683	0.6	409.8	556.7
SGHP3100MH	752	0.6	451.2	609.6	756	0.6	453.6	620.2	760	0.6	456	630.8
冷冻水进/出水温度	11℃/4℃				12℃/5℃				13℃/6℃			
项目 机组型号	总功率/kW	效率	耗电量/kW·h	耗煤量/kg·h^{-1}	总功率/kW	效率	耗电量/kW·h	耗煤量/kg·h^{-1}	总功率/kW	效率	耗电量/kW·h	耗煤量/kg·h^{-1}
SGHP2300MH	609	0.6	365.4	484.2	611	0.6	366.6	492.8	614	0.6	368.4	502.4
SGHP2700MH	687	0.6	412.2	566.9	690	0.6	414	577.2	693	0.6	415.8	588.4
SGHP3100MH	763	0.6	457.8	642.4	766	0.6	459.6	653.9	770	0.6	462	666.5
冷冻水进/出水温度	14℃/7℃				15℃/8℃				16℃/9℃			
项目 机组型号	总功率/kW	效率	耗电量/kW·h	耗煤量/kg·h^{-1}	总功率/kW	效率	耗电量/kW·h	耗煤量/kg·h^{-1}	总功率/kW	效率	耗电量/kW·h	耗煤量/kg·h^{-1}
SGHP2300MH	616	0.6	369.6	512.0	619	0.6	371.4	521.6	621	0.6	372.6	532.2
SGHP2700MH	696	0.6	417.6	599.4	699	0.6	419.4	610.6	702	0.6	421.2	622.8
SGHP3100MH	773	0.6	463.8	679.4	777	0.6	466.2	692.0	780	0.6	468	705.9
冷冻水进/出水温度	17℃/10℃				18℃/11℃				19℃/12℃			
项目 机组型号	总功率/kW	效率	耗电量/kW·h	耗煤量/kg·h^{-1}	总功率/kW	效率	耗电量/kW·h	耗煤量/kg·h^{-1}	总功率/kW	效率	耗电量/kW·h	耗煤量/kg·h^{-1}
SGHP2300MH	624	0.6	374.4	542.5	626	0.6	375.6	553.0	628	0.6	376.8	565.0
SGHP2700MH	704	0.6	422.4	635.4	707	0.6	424.2	647.6	710	0.6	426	661.5
SGHP3100MH	783	0.6	469.8	720.1	786	0.6	471.6	734.0	789	0.6	473.4	749.5

续表 6-3

冷冻水进/出水温度	20℃/13℃				21℃/14℃				22℃/15℃			
项目 机组型号	总功率/kW	效率	耗电量/kW·h	耗煤量/kg·h⁻¹	总功率/kW	效率	耗电量/kW·h	耗煤量/kg·h⁻¹	总功率/kW	效率	耗电量/kW·h	耗煤量/kg·h⁻¹
SGHP2300MH	631	0.6	378.6	576.5	633	0.6	379.8	588.4	635	0.6	381	600.0
SGHP2700MH	712	0.6	427.2	675.1	715	0.6	429	689.0	717	0.6	430.2	702.6
SGHP3100MH	792	0.6	475.2	765.1	794	0.6	476.4	780.6	797	0.6	478.2	796.2
冷冻水进/出水温度	23℃/16℃				24℃/17℃				25℃/18℃			
项目 机组型号	总功率/kW	效率	耗电量/kW·h	耗煤量/kg·h⁻¹	总功率/kW	效率	耗电量/kW·h	耗煤量/kg·h⁻¹	总功率/kW	效率	耗电量/kW·h	耗煤量/kg·h⁻¹
SGHP2300MH	637	0.6	382.2	612.9	639	0.6	383.4	625.5	641	0.6	384.6	638.4
SGHP2700MH	719	0.6	431.4	717.4	722	0.6	433.2	732.7	724	0.6	434.4	747.5
SGHP3100MH	800	0.6	480	813.0	802	0.6	481.2	830.2	805	0.6	483	847.1

6.2 不同纬度地区不同深度矿井涌水温度范围分析

本节选取 5 个不同纬度地区，来分析其周边的矿井涌水温度范围。在这里，有两个前提条件：（1）所选地区不在地温异常区，属于地温正常区域；（2）所选深度均有矿井涌水，且水量充足。

6.2.1 哈尔滨周围地区不同深度矿井涌水温度范围

根据第 2 章对我国 1000m 内地温场的分布特征分析，哈尔滨周围地区在 1000m、800m 和 600m 深处的地温值，如表 6-4 所示。

哈尔滨位于东经 125°42′～130°10′，北纬44°04′～46°40′之间，地处松辽盆地中央拗陷区。

松辽盆地周围为山区围绕，海拔多在100m左右，由盆地边缘向内部微倾，盆地内海拔多在100～200m之间，是中国东部大型中新生代沉积盆地之一。松辽盆地是中国大型盆地中具有较高地温分布的盆地之一。

松辽盆地是天山－祁连山－大兴安岭断褶系中的松辽断褶带，其基底为天山－大兴安岭海西褶皱带的一部分，由古生代石炭系、二叠系与志留系、泥盆系的变质岩及花岗岩所组成。上覆有中上侏罗统的火山岩、火山碎屑岩建造及湖相沉积（厚3000余米），下白垩统的砂泥岩互层的类复理石建造（厚1000～2000m），中白垩统为碎屑河流湖泊三角洲相的红色磨拉石建造（厚2000～2500m），上白垩统以河流相沉积为主的红色磨拉石建造（500～1000m）以及第三系、第四系的河流、洪积相类磨拉石建造。这些地层充填了整个松辽盆地，并反映了盆地构造的发展及演变历史。按松辽盆地地质构造特征，可将其划分为两个大构造区：一是中央拗陷区；二是边缘断阶区。亦可分别称其为内带和外带。在中央拗陷区中又可分为西部断陷、中部古隆起及东部断陷；边缘断阶区是指由中央拗陷向盆地边缘，其基底呈断阶状抬升、中新生代沉积厚度逐渐变薄的地带。

松辽盆地的地温分布具有从盆地外围低地温分布区逐渐向盆地内部的较高地温分布区过渡的特点。盆地的外带由于靠近盆地边缘易受周围山区降水渗入及地下水活动的影响，表现为地温逐渐随深度变化而受干扰的地带，这种干扰在浅部十分明显，随着深度的增加，干扰逐渐减弱，而接近或恢复到地温的正常状况。内带远离山区，地下水径流滞缓，对地温的干扰十分微弱，其地温在纵向上的变化则反映了现代地质构造条件下盆地地温的正常变化。

总体来说，在松辽盆地，地下水活动对地温分布的干扰表现在赋存于盆地外带边缘的地下水对地温起着降温作用，此带地下水活动强烈，流向盆地的低温地下水吸收岩石中的热量，加热了地下水而促使地温降低，其影响深度可达1000～2000m，甚至更深；影响范围在盆地边缘可达数十公里，因而在盆地边缘形成低温区。

通过以上对哈尔滨所在区域的地质构造及地下水对地温的影响分析，可知哈尔滨周围地区地温相对较高，其地下水温度比地温稍低，根据周边地热井测温数据，其地下水温度比地温低2～3℃左右。矿井涌水温度参考数据见表6-4。

表6-4 哈尔滨周围地区1000m、800m和600m深处地温值及矿井涌水温度参考表

项目 \ 地层深度/m	1000	800	600
地温/℃	40～45	30～35	25～30
矿井涌水温度/℃	38～43	28～33	22～27

6.2.2 沈阳周围地区不同深度矿井涌水温度范围

根据第2章对我国1000m内地温场的分布特征分析，沈阳周围地区在1000m、800m和600m深处的地温值，如表6-5所示。

沈阳位于东经118°53′～125°46′，北纬38°43′～43°26′之间，地处松辽盆地边缘断阶区。

由于沈阳与哈尔滨均地处松辽盆地，故关于松辽盆地的地质概况、地温随深度变化特征以及地下水活动特性等方面分析，参见6.2.1节。

通过对沈阳所在区域的地质构造及地下水对地温的影响分

析，可知沈阳周围地区地温相对较低，由于其地下水径流活动强烈，其地下水温度比地温略低些，根据周边地热井测温数据，其地下水温度比地温低 4～5℃左右。矿井涌水温度参考数据见表 6-5。

表 6-5 沈阳周围地区 1000m、800m 和 600m 深处地温值及矿井涌水温度参考表

项目 \ 地层深度/m	1000	800	600
地温/℃	30～35	20～25	15～20
矿井涌水温度/℃	26～31	15～20	10～15

6.2.3 北京周围地区不同深度矿井涌水温度范围

根据第 2 章对我国 1000m 内地温场的分布特征分析，北京周围地区在 1000m、800m 和 600m 深处的地温值，如表 6-6 所示。

北京位于东经 115°25′～117°30′，北纬 39°26′～41°03′之间，地处华北平原（华北盆地）西北部。

华北盆地为一低平的冲积平原，广为黄河、滹沱河、永定河等河流的冲积物所覆盖，是中国最大的平原。

华北盆地在大地构造上是中朝断块的一部分，位于断块的东部，其基底由古生代地层及前震旦系结晶岩系组成；盆地经历了太古界、元古界的固结硬化，形成了一个古老而又稳定的地台。在古生代盆地整体下降，接受了蓟县系、青白口系、寒武系直至中奥陶统的巨厚沉积。中奥陶统之后整个盆地隆起经历了长期的剥蚀夷平，从而使盆地中缺失了从上奥陶统到下石炭统的全部地层；在石炭统到二叠系盆地下沉，沉积了海陆交互相的含煤地层，但各地的沉积厚度不一。中生代时期，华北盆地进一步上升，并分化为许多小型盆地；在燕山运动的影响下，断裂活动加强，断陷盆地接受了侏罗系的陆相含煤建造，晚侏罗世盆地上升，在许多分散在盆地中的小型断陷盆地内堆积了晚侏罗系到白垩系的红层沉积和火山岩建造。喜马拉雅山运动断裂活动强烈，形成了一系列的地堑地垒式构造，在整个盆地下沉过程中地堑型断陷盆地接受了古新世、始新世及渐新世的富含有机质的老第三系砂泥岩沉积，构成厚 2000～4000m 以上的孔店组和沙河街组地层。中新世继续下沉，第三系明化镇组和馆陶组地层覆盖了整个华北盆地，使其成为一个统一的平原，而由古生代地层和前震旦系变质岩所组成的隆起则构成了埋藏于盆地深部的古潜山。华北盆地按区域地质构造可以黄河为界分为南北两个部分，盆地的北部由三个隆起、五个拗陷所组成，它们分别是沧县、埕宁及内黄隆起和冀中、黄骅、济阳、临清、渤中拗陷；盆地南部由一个隆起、两个拗陷所组成，即尉氏－商丘隆起及开封拗陷和宝丰－沈丘拗陷（包括了襄城拗陷、午阳拗陷和周口拗陷）。

华北盆地不同部位的地温随深度的变化有明显的差异。但它们却也有着共同的规律，即随着深度的加大，地温增长的速率都有所降低，其区别在于降低的幅度大小因地而异。这与盆地各部位的基底构造及其活动性密切相关。

华北盆地的地温随深度的增加有着明显的变化规律，由北向南地温随深度的增加其增长速率变慢，地热增温级逐渐增大，表明盆地北部的地温比盆地南部高，这一特点反映了盆地南北两部分的地质构造及其活动性的差异。北京地处华北盆地北部冀中拗陷区，其地温随深度变化规律亦十分明显。

华北盆地的边缘与周围隆起区之间常有巨型深大断裂存在，

并形成山前拗陷。这里堆积了大量颗粒较粗的碎屑岩层，在一定的深度内（1000～2000m）受地下水强烈径流的影响，常形成盆地边缘的低温分布区。

在纵向上，华北盆地的地温分布则受岩石的性质、结构、构造及其成分的影响。随着深度的增加，岩石逐渐压密，其热传导能力变大。如盆地中的泥岩、砂岩、页岩、油页岩以及盐岩和膏岩等岩类，其岩石性质不同，热导率也不同，在不同深度上亦有着不同的地温梯度和增温率。

另外，在中新生代时期，华北盆地有多期岩浆活动，特别是自始新世、渐新世至中新世之间，曾多次发生火山喷发和岩浆侵入，形成第三系沙河街组和东营组中的多层玄武岩、辉绿岩及火山碎屑岩层。由于侵入时间较久远，其热量已散失殆尽，对区域地温分布已无影响。但岩浆岩的余热对地温场的影响还是可能存在的。

通过以上对北京所在区域的地质构造及岩石特性对地温的影响分析，可知北京周围地区地温较高，其地下水温度比地温稍低，根据周边地热井测温数据，其地下水温度比地温低1～3℃左右。矿井涌水温度参考数据见表6-6。

表6-6 北京周围地区1000m、800m和600m深处地温值及矿井涌水温度参考表

项目 \ 地层深度/m	1000	800	600
地温/℃	30～35	25～30	20～25
矿井涌水温度/℃	29～34	23～28	19～24

6.2.4 徐州周围地区不同深度矿井涌水温度范围

根据第2章对我国1000m内地温场的分布特征分析，徐州周围地区在1000m、800m和600m深处的地温值，如表6-7所示。

徐州位于东经116°22′～118°40′，北纬33°43′～34°58′之间，地处华北平原（华北盆地）东南部。

由于徐州与北京均地处华北盆地，故关于华北盆地的地质概况、地温随深度变化特征、地下水活动特性、岩石性质对地温场的影响以及岩浆活动对地温的影响等方面分析，参见6.2.3节。

通过对徐州所在区域的地质构造、岩石特性以及地下水对地温的影响分析，可知徐州周围地区地温相对较高，由于其地下水径流活动强烈，其地下水温度比地温低5℃左右。矿井涌水温度参考数据见表6-7。

表6-7　徐州周围地区1000m、800m和600m深处地温值及矿井涌水温度参考表

项　目 \ 地层深度/m	1000	800	600
地温/℃	35～40	30～35	25～30
矿井涌水温度/℃	30～35	25～30	20～25

6.2.5　资兴周围地区不同深度矿井涌水温度范围

根据第2章对我国1000m内地温场的分布特征分析，资兴周围地区在1000m、800m和600m深处的地温值，如表6-8所示。

资兴位于东经113°08′～113°44′，北纬25°34′～26°18′之间，地处洞庭盆地东南部。

洞庭盆地位于长江以南的湖南境内，海拔高程多在1000m

以上，其地势低平，标高多在 30 ~50m 之间。

洞庭盆地位于江南块褶带的武陵块隆之上，基底以中、古生代及元古界地层为主组成。洞庭盆地形成于晚白垩纪燕山运动的晚期，在经历长期隆起剥蚀之后，白垩纪晚期，盆地下沉，开始了盆地发展的历史。洞庭盆地在老第三纪除沅江和常德两凹陷接受沉积外，大部分地区都遭受剥蚀，因而在晚白垩世和古新世至早始新世沉积了夹有碳酸盐岩的砂泥岩层，并含有少量岩盐和石膏的半咸水湖相沉积，其厚度在2000 ~4000m。洞庭盆地中有桃源凹陷、安乡 -常德凹陷，沅江凹陷和汨罗凹陷，其间为太阳山凸起、目平湖凸起和新河口凸起所分割，凹陷和凸起以断裂为界，皆为老第三纪和晚白垩世的断陷分地，多呈 NE 和 NNE 向延伸。盆地的基底亦较古老。

洞庭盆地的地温随深度增加而逐渐升高，由于基底的地质结构和岩石性质等原因，其增温较慢。地温与深度接近于直线关系。

洞庭盆地的中新生代盖层较薄，基底埋藏较浅，且构造活动较稳定，因而显示较低的地温，其分布形态与盆地的轮廓基本一致。

通过以上对资兴所在区域的地质构造及岩石特性对地温的影响分析，可知资兴周围地区地温较低，其地下水温度与地温基本相同。矿井涌水温度参考数据见表 6-8。

表 6-8 资兴周围地区 1000m、800m 和 600m 深处地温值及矿井涌水温度参考表

项目 \ 地层深度/m	1000	800	600
地温/℃	35 ~40	30 ~35	25 ~30
矿井涌水温度/℃	35 ~40	30 ~35	25 ~30

6.3 不同纬度地区涌水温度与煤炭价格平衡点分析

本节结合6.2节对不同深度的矿井涌水温度范围的分析，进一步对不同纬度地区的不同深度矿井的涌水温度与煤炭价格平衡点进行分析。

一般，每一地区均有其固定的电价，根据前面6.1节中已给出的单位时间内的电费 Wx 和单位时间内的燃煤费 Gy，假设水源热泵系统在单位时间内的电费与燃煤锅炉在单位时间内的燃煤费相等，可得

$$y = \frac{Wx}{G} \tag{6-5}$$

式中 y——煤炭价格，元/t；

W——单位时间内的耗电量，kW·h；

x——电价，元/kW·h；

G——锅炉额定热负荷下的耗煤量，kg/h。

公式（6-5）可以用来计算，当采用水源热泵系统供暖与采用燃煤锅炉供暖对应于相同热负荷的情况下，燃煤锅炉所需要的最低煤炭价格，即煤炭价格平衡点。

6.3.1 哈尔滨地区矿井涌水温度与煤炭价格平衡点

根据黑龙江省电力局相关统计数据，哈尔滨市大工业用电平均价格为0.526元/kW·h。

分别以SGHP2300MH、SGHP2700MH、SGHP3100MH三种水源热泵机组为例，在提取温差为7℃条件下，计算冷冻水进水温度从8～25℃的煤炭价格平衡点。计算所得不同冷冻水进水温度的煤炭价格平衡点如表6-9所示。

表 6-9 不同冷冻水进水温度的煤炭价格平衡点统计表（哈尔滨）

冷冻水进/出水温度	8℃/1℃			9℃/2℃			10℃/3℃		
项目 机组型号	电价/元·(kW·h)$^{-1}$	电费/元·h^{-1}	平衡煤价/元·t^{-1}	电价/元·(kW·h)$^{-1}$	电费/元·h^{-1}	平衡煤价/元·t^{-1}	电价/元·(kW·h)$^{-1}$	电费/元·h^{-1}	平衡煤价/元·t^{-1}
SGHP2300MH	0.526	189.36	412	0.526	190.3	407	0.526	191.3	402
SGHP2700MH	0.526	213.66	397	0.526	214.6	392	0.526	215.6	387
SGHP3100MH	0.526	237.33	389	0.526	238.6	385	0.526	239.9	380
冷冻水进/出水温度	11℃/4℃			12℃/5℃			13℃/6℃		
项目 机组型号	电价/元·(kW·h)$^{-1}$	电费/元·h^{-1}	平衡煤价/元·t^{-1}	电价/元·(kW·h)$^{-1}$	电费/元·h^{-1}	平衡煤价/元·t^{-1}	电价/元·(kW·h)$^{-1}$	电费/元·h^{-1}	平衡煤价/元·t^{-1}
SGHP2300MH	0.526	192.2	397	0.526	192.8	391	0.526	193.8	386
SGHP2700MH	0.526	216.82	382	0.526	217.8	377	0.526	218.7	372
SGHP3100MH	0.526	240.8	375	0.526	241.7	370	0.526	243	365
冷冻水进/出水温度	14℃/7℃			15℃/8℃			16℃/9℃		
项目 机组型号	电价/元·(kW·h)$^{-1}$	电费/元·h^{-1}	平衡煤价/元·t^{-1}	电价/元·(kW·h)$^{-1}$	电费/元·h^{-1}	平衡煤价/元·t^{-1}	电价/元·(kW·h)$^{-1}$	电费/元·h^{-1}	平衡煤价/元·t^{-1}
SGHP2300MH	0.526	194.41	380	0.526	195.4	375	0.526	196	368
SGHP2700MH	0.526	219.66	366	0.526	220.6	361	0.526	221.6	356
SGHP3100MH	0.526	243.96	359	0.526	245.2	354	0.526	246.2	349
冷冻水进/出水温度	17℃/10℃			18℃/11℃			19℃/12℃		
项目 机组型号	电价/元·(kW·h)$^{-1}$	电费/元·h^{-1}	平衡煤价/元·t^{-1}	电价/元·(kW·h)$^{-1}$	电费/元·h^{-1}	平衡煤价/元·t^{-1}	电价/元·(kW·h)$^{-1}$	电费/元·h^{-1}	平衡煤价/元·t^{-1}
SGHP2300MH	0.526	196.93	363	0.526	197.6	357	0.526	198.2	351
SGHP2700MH	0.526	222.18	350	0.526	223.1	345	0.526	224.1	339
SGHP3100MH	0.526	247.11	343	0.526	248.1	338	0.526	249	332

续表 6-9

冷冻水进/出水温度	20℃/13℃			21℃/14℃			22℃/15℃		
项目 机组型号	电价/元·(kW·h)$^{-1}$	电费/元·h^{-1}	平衡煤价/元·t^{-1}	电价/元·(kW·h)$^{-1}$	电费/元·h^{-1}	平衡煤价/元·t^{-1}	电价/元·(kW·h)$^{-1}$	电费/元·h^{-1}	平衡煤价/元·t^{-1}
SGHP2300MH	0.526	199.14	345	0.526	199.8	339	0.526	200.4	334
SGHP2700MH	0.526	224.71	333	0.526	225.7	328	0.526	226.3	322
SGHP3100MH	0.526	249.96	327	0.526	250.6	321	0.526	251.5	316
冷冻水进/出水温度	23℃/16℃			24℃/17℃			25℃/18℃		
项目 机组型号	电价/元·(kW·h)$^{-1}$	电费/元·h^{-1}	平衡煤价/元·t^{-1}	电价/元·(kW·h)$^{-1}$	电费/元·h^{-1}	平衡煤价/元·t^{-1}	电价/元·(kW·h)$^{-1}$	电费/元·h^{-1}	平衡煤价/元·t^{-1}
SGHP2300MH	0.526	201.04	328	0.526	201.7	322	0.526	202.3	317
SGHP2700MH	0.526	226.92	316	0.526	227.9	311	0.526	228.5	306
SGHP3100MH	0.526	252.48	311	0.526	253.1	305	0.526	254.1	300

根据表 6-9 中的相关数据，绘制不同冷冻水进水温度下煤炭价格平衡点关系曲线，如图 6-1 所示。

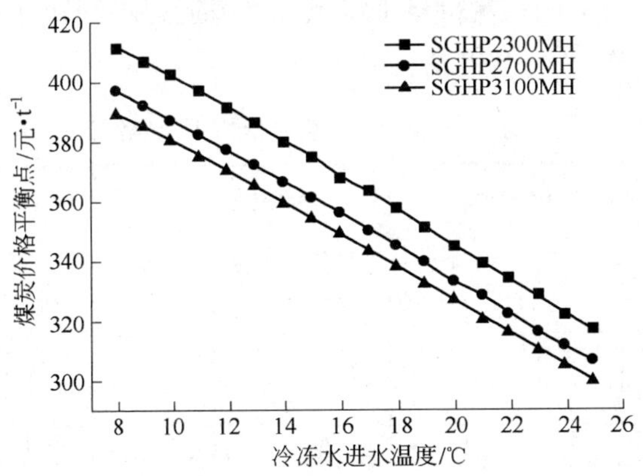

图 6-1 不同冷冻水进水温度与煤炭价格平衡点关系曲线图（哈尔滨）

从图 6-1 可以看出，煤炭价格平衡点随着进水温度的升高而降低。根据表 6-9 中的最后一组数据表明，当进水温度达到 25℃时，煤炭平衡价格分别达到 317 元/t、306 元/t 和 300 元/t；当进水温度大于 25℃时，煤炭平衡价格会更低。

按照近几年内哈尔滨地区的煤炭最低价格 380 元/t 来分析，可知进水温度达到 14℃左右时煤炭价格即可达到或超过平衡点。

根据表 6-4 知，哈尔滨地区 1000m 深矿井涌水温度为 38 ~ 43℃，800m 深矿井涌水温度为 28 ~33℃，600m 深矿井涌水温度为 22 ~27℃。因为 800m 以下矿井涌水温度均大于 25℃，故均可达到煤炭平衡价格以上；而 600m 深矿井涌水的平衡煤价约为 316 ~334 元/t。

6.3.2 沈阳地区矿井涌水温度与煤炭价格平衡点

根据辽宁省电力局相关统计数据，沈阳市大工业用电平均价格为 0.476 元/kW · h。

分别以 SGHP2300MH、SGHP2700MH、SGHP3100MH 三种水源热泵机组为例，在提取温差为 7℃条件下，计算冷冻水进水温度从 8 ~25℃的煤炭价格平衡点。计算所得不同冷冻水进水温度的煤炭价格平衡点如表 6-10 所示。

表 6-10 不同冷冻水进水温度的煤炭价格平衡点统计表（沈阳）

冷冻水进/出水温度	8℃/1℃			9℃/2℃			10℃/3℃		
项目 机组型号	电价/元·(kW·h)$^{-1}$	电费/元·h^{-1}	平衡煤价/元·t^{-1}	电价/元·(kW·h)$^{-1}$	电费/元·h^{-1}	平衡煤价/元·t^{-1}	电价/元·(kW·h)$^{-1}$	电费/元·h^{-1}	平衡煤价/元·t^{-1}
SGHP2300MH	0.476	171.36	373	0.476	172.2	368	0.476	173.1	364
SGHP2700MH	0.476	193.35	360	0.476	194.2	355	0.476	195.1	350
SGHP3100MH	0.476	214.77	352	0.476	215.9	348	0.476	217.1	344

续表 6-10

冷冻水进/出水温度	11℃/4℃			12℃/5℃			13℃/6℃		
项目 / 机组型号	电价/元·$(kW·h)^{-1}$	电费/元·h^{-1}	平衡煤价/元·t^{-1}	电价/元·$(kW·h)^{-1}$	电费/元·h^{-1}	平衡煤价/元·t^{-1}	电价/元·$(kW·h)^{-1}$	电费/元·h^{-1}	平衡煤价/元·t^{-1}
SGHP2300MH	0.476	173.93	359	0.476	174.5	354	0.476	175.4	349
SGHP2700MH	0.476	196.21	346	0.476	197.1	341	0.476	197.9	336
SGHP3100MH	0.476	217.91	339	0.476	218.8	335	0.476	219.9	330
冷冻水进/出水温度	14℃/7℃			15℃/8℃			16℃/9℃		
项目 / 机组型号	电价/元·$(kW·h)^{-1}$	电费/元·h^{-1}	平衡煤价/元·t^{-1}	电价/元·$(kW·h)^{-1}$	电费/元·h^{-1}	平衡煤价/元·t^{-1}	电价/元·$(kW·h)^{-1}$	电费/元·h^{-1}	平衡煤价/元·t^{-1}
SGHP2300MH	0.476	175.93	344	0.476	176.8	339	0.476	177.4	333
SGHP2700MH	0.476	198.78	332	0.476	199.6	327	0.476	200.5	322
SGHP3100MH	0.476	220.77	325	0.476	221.9	321	0.476	222.8	316
冷冻水进/出水温度	17℃/10℃			18℃/11℃			19℃/12℃		
项目 / 机组型号	电价/元·$(kW·h)^{-1}$	电费/元·h^{-1}	平衡煤价/元·t^{-1}	电价/元·$(kW·h)^{-1}$	电费/元·h^{-1}	平衡煤价/元·t^{-1}	电价/元·$(kW·h)^{-1}$	电费/元·h^{-1}	平衡煤价/元·t^{-1}
SGHP2300MH	0.476	178.21	329	0.476	178.8	323	0.476	179.4	317
SGHP2700MH	0.476	201.06	316	0.476	201.9	312	0.476	202.8	307
SGHP3100MH	0.476	223.62	311	0.476	224.5	306	0.476	225.3	301
冷冻水进/出水温度	20℃/13℃			21℃/14℃			22℃/15℃		
项目 / 机组型号	电价/元·$(kW·h)^{-1}$	电费/元·h^{-1}	平衡煤价/元·t^{-1}	电价/元·$(kW·h)^{-1}$	电费/元·h^{-1}	平衡煤价/元·t^{-1}	电价/元·$(kW·h)^{-1}$	电费/元·h^{-1}	平衡煤价/元·t^{-1}
SGHP2300MH	0.476	180.21	313	0.476	180.8	307	0.476	181.4	302
SGHP2700MH	0.476	203.35	301	0.476	204.2	296	0.476	204.8	291
SGHP3100MH	0.476	226.2	296	0.476	226.8	290	0.476	227.6	286

续表 6-10

冷冻水进/出水温度	23℃/16℃			24℃/17℃			25℃/18℃		
项目 机组型号	电价/元·(kW·h)$^{-1}$	电费/元·h^{-1}	平衡煤价/元·t^{-1}	电价/元·(kW·h)$^{-1}$	电费/元·h^{-1}	平衡煤价/元·t^{-1}	电价/元·(kW·h)$^{-1}$	电费/元·h^{-1}	平衡煤价/元·t^{-1}
SGHP2300MH	0.476	181.93	297	0.476	182.5	292	0.476	183.1	287
SGHP2700MH	0.476	205.35	286	0.476	206.2	281	0.476	206.8	277
SGHP3100MH	0.476	228.48	281	0.476	229.1	276	0.476	229.9	271

根据表 6-10 中的相关数据，绘制不同冷冻水进水温度下煤炭价格平衡点关系曲线，如图 6-2 所示。

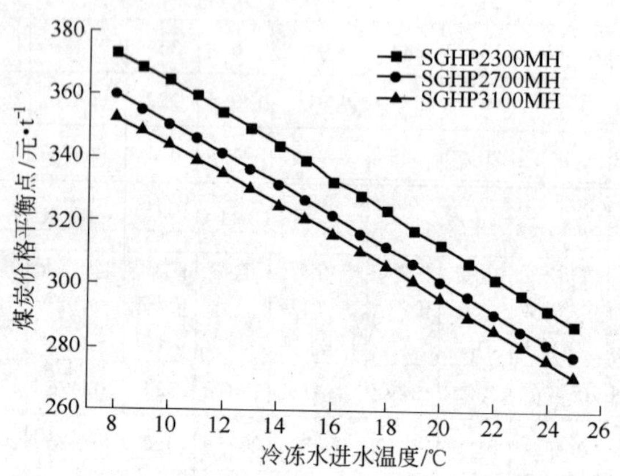

图 6-2　不同冷冻水进水温度与煤炭价格平衡点关系曲线图（沈阳）

从图 6-2 可以看出，煤炭价格平衡点随着进水温度的升高而降低。根据表 6-10 中的最后一组数据表明，当进水温度达到 25℃时，煤炭平衡价格分别达到 287 元/t、277 元/t 和 271 元/t；当进水温度大于 25℃时，煤炭平衡价格会更低。

按照近几年内沈阳地区的煤炭最低价格 350 元/t 来分析，可知水温度达到 13℃左右时煤炭价格即可达到或超过平衡点。

根据表6-5知，沈阳地区1000m深矿井涌水温度为26～31℃，800m深矿井涌水温度为15～20℃，600m深矿井涌水温度为10～15℃。1000m以下矿井涌水温度大于25℃，故均可达到煤炭平衡价格以上；800m深矿井涌水的平衡煤价约为321～339元/t；600m深矿井涌水的平衡煤价约为344～364元/t。

6.3.3 北京地区矿井涌水温度与煤炭价格平衡点

根据北京市电力局相关统计数据，北京市大工业用电平均价格为0.6元/kW·h。

分别以SGHP2300MH、SGHP2700MH、SGHP3100MH三种水源热泵机组为例，在提取温差为7℃的条件下，计算冷冻水进水温度从8～25℃的煤炭价格平衡点。计算所得不同冷冻水进水温度的煤炭价格平衡点如表6-11所示。

表6-11 不同冷冻水进水温度的煤炭价格平衡点统计表（北京）

冷冻水进/出水温度	8℃/1℃			9℃/2℃			10℃/3℃		
项目 / 机组型号	电价/元·(kW·h)$^{-1}$	电费/元·h^{-1}	平衡煤价/元·t^{-1}	电价/元·(kW·h)$^{-1}$	电费/元·h^{-1}	平衡煤价/元·t^{-1}	电价/元·(kW·h)$^{-1}$	电费/元·h^{-1}	平衡煤价/元·t^{-1}
SGHP2300MH	0.6	216	470	0.6	217.1	464	0.6	218.2	459
SGHP2700MH	0.6	243.72	453	0.6	244.8	447	0.6	245.9	442
SGHP3100MH	0.6	270.72	444	0.6	272.2	439	0.6	273.6	434

冷冻水进/出水温度	11℃/4℃			12℃/5℃			13℃/6℃		
项目 / 机组型号	电价/元·(kW·h)$^{-1}$	电费/元·h^{-1}	平衡煤价/元·t^{-1}	电价/元·(kW·h)$^{-1}$	电费/元·h^{-1}	平衡煤价/元·t^{-1}	电价/元·(kW·h)$^{-1}$	电费/元·h^{-1}	平衡煤价/元·t^{-1}
SGHP2300MH	0.6	219.24	453	0.6	220	446	0.6	221	440
SGHP2700MH	0.6	247.32	436	0.6	248.4	430	0.6	249.5	424
SGHP3100MH	0.6	274.68	428	0.6	275.8	422	0.6	277.2	416

续表 6-11

冷冻水进/出水温度	14℃/7℃			15℃/8℃			16℃/9℃		
项目 机组型号	电价/元·(kW·h)$^{-1}$	电费/元·h^{-1}	平衡煤价/元·t^{-1}	电价/元·(kW·h)$^{-1}$	电费/元·h^{-1}	平衡煤价/元·t^{-1}	电价/元·(kW·h)$^{-1}$	电费/元·h^{-1}	平衡煤价/元·t^{-1}
SGHP2300MH	0.6	221.76	433	0.6	222.8	427	0.6	223.6	420
SGHP2700MH	0.6	250.56	418	0.6	251.6	412	0.6	252.7	406
SGHP3100MH	0.6	278.28	410	0.6	279.7	404	0.6	280.8	398

冷冻水进/出水温度	17℃/10℃			18℃/11℃			19℃/12℃		
项目 机组型号	电价/元·(kW·h)$^{-1}$	电费/元·h^{-1}	平衡煤价/元·t^{-1}	电价/元·(kW·h)$^{-1}$	电费/元·h^{-1}	平衡煤价/元·t^{-1}	电价/元·(kW·h)$^{-1}$	电费/元·h^{-1}	平衡煤价/元·t^{-1}
SGHP2300MH	0.6	224.64	414	0.6	225.4	407	0.6	226.1	400
SGHP2700MH	0.6	253.44	399	0.6	254.5	393	0.6	255.6	386
SGHP3100MH	0.6	281.88	391	0.6	283	386	0.6	284	379

冷冻水进/出水温度	20℃/13℃			21℃/14℃			22℃/15℃		
项目 机组型号	电价/元·(kW·h)$^{-1}$	电费/元·h^{-1}	平衡煤价/元·t^{-1}	电价/元·(kW·h)$^{-1}$	电费/元·h^{-1}	平衡煤价/元·t^{-1}	电价/元·(kW·h)$^{-1}$	电费/元·h^{-1}	平衡煤价/元·t^{-1}
SGHP2300MH	0.6	227.16	394	0.6	227.9	387	0.6	228.6	381
SGHP2700MH	0.6	256.32	380	0.6	257.4	374	0.6	258.1	367
SGHP3100MH	0.6	285.12	373	0.6	285.8	366	0.6	286.9	360

冷冻水进/出水温度	23℃/16℃			24℃/17℃			25℃/18℃		
项目 机组型号	电价/元·(kW·h)$^{-1}$	电费/元·h^{-1}	平衡煤价/元·t^{-1}	电价/元·(kW·h)$^{-1}$	电费/元·h^{-1}	平衡煤价/元·t^{-1}	电价/元·(kW·h)$^{-1}$	电费/元·h^{-1}	平衡煤价/元·t^{-1}
SGHP2300MH	0.6	229.32	374	0.6	230	368	0.6	230.8	361
SGHP2700MH	0.6	258.84	361	0.6	259.9	355	0.6	260.6	349
SGHP3100MH	0.6	288	354	0.6	288.7	348	0.6	289.8	342

根据表6-11中的相关数据，绘制不同冷冻水进水温度下煤炭价格平衡点关系曲线，如图6-3所示。

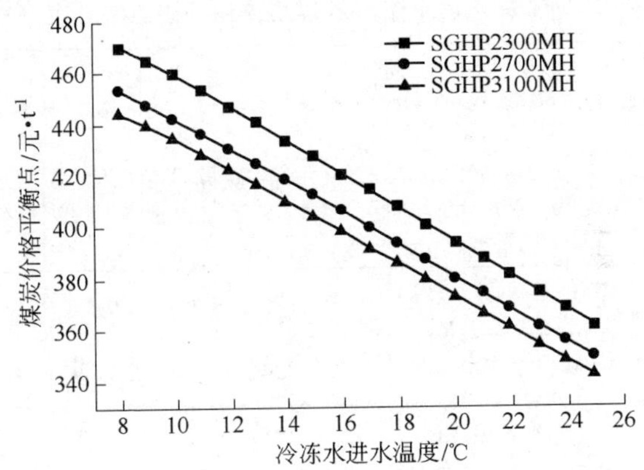

图6-3 不同冷冻水进水温度与煤炭价格平衡点关系曲线图（北京）

从图6-3可以看出，煤炭价格平衡点随着进水温度的升高而降低。根据表6-11中的最后一组数据表明，当进水温度达到25℃时，煤炭平衡价格分别达到361元/t、349元/t和342元/t；当进水温度大于25℃时，煤炭平衡价格会更低。

按照近几年内北京地区的煤炭最低价格460元/t来分析，可知水温度达到10℃左右时煤炭价格即可达到或超过平衡点。

根据表6-6知，北京地区1000m深矿井涌水温度为29～34℃，800m深矿井涌水温度为23～28℃，600m深矿井涌水温度为19～24℃。1000m以下矿井涌水温度大于25℃，故均可达到煤炭平衡价格以上；800m深矿井涌水的平衡煤价约为354～374元/t；600m深矿井涌水的平衡煤价约为379～400元/t。

6.3.4 徐州地区矿井涌水温度与煤炭价格平衡点

根据徐州市电力局相关统计数据，徐州市大工业用电平均价格为0.59元/kW·h。

分别以SGHP2300MH、SGHP2700MH、SGHP3100MH三种水源热泵机组为例，在提取温差为7℃的条件下，计算冷冻水进水温度从 8～25℃的煤炭价格平衡点。计算所得不同冷冻水进水温度的煤炭价格平衡点如表 6-12 所示。

表 6-12 不同冷冻水进水温度的煤炭价格平衡点统计表（徐州）

冷冻水进/出水温度	8℃/1℃			9℃/2℃			10℃/3℃		
项目 机组型号	电价/元·(kW·h)$^{-1}$	电费/元·h^{-1}	平衡煤价/元·t^{-1}	电价/元·(kW·h)$^{-1}$	电费/元·h^{-1}	平衡煤价/元·t^{-1}	电价/元·(kW·h)$^{-1}$	电费/元·h^{-1}	平衡煤价/元·t^{-1}
SGHP2300MH	0.59	212.4	462	0.59	213.5	456	0.59	214.5	451
SGHP2700MH	0.59	239.66	446	0.59	240.7	440	0.59	241.8	434
SGHP3100MH	0.59	266.21	437	0.59	267.6	432	0.59	269	427
冷冻水进/出水温度	11℃/4℃			12℃/5℃			13℃/6℃		
项目 机组型号	电价/元·(kW·h)$^{-1}$	电费/元·h^{-1}	平衡煤价/元·t^{-1}	电价/元·(kW·h)$^{-1}$	电费/元·h^{-1}	平衡煤价/元·t^{-1}	电价/元·(kW·h)$^{-1}$	电费/元·h^{-1}	平衡煤价/元·t^{-1}
SGHP2300MH	0.59	215.59	445	0.59	216.3	439	0.59	217.4	433
SGHP2700MH	0.59	243.2	429	0.59	244.3	423	0.59	245.3	417
SGHP3100MH	0.59	270.1	420	0.59	271.2	415	0.59	272.6	409
冷冻水进/出水温度	14℃/7℃			15℃/8℃			16℃/9℃		
项目 机组型号	电价/元·(kW·h)$^{-1}$	电费/元·h^{-1}	平衡煤价/元·t^{-1}	电价/元·(kW·h)$^{-1}$	电费/元·h^{-1}	平衡煤价/元·t^{-1}	电价/元·(kW·h)$^{-1}$	电费/元·h^{-1}	平衡煤价/元·t^{-1}
SGHP2300MH	0.59	218.06	426	0.59	219.1	420	0.59	219.8	413
SGHP2700MH	0.59	246.38	411	0.59	247.4	405	0.59	248.5	399
SGHP3100MH	0.59	273.64	403	0.59	275.1	398	0.59	276.1	391

续表 6-12

冷冻水进/出水温度	17℃/10℃			18℃/11℃			19℃/12℃		
项目 机组型号	电价/元·(kW·h)$^{-1}$	电费/元·h^{-1}	平衡煤价/元·t^{-1}	电价/元·(kW·h)$^{-1}$	电费/元·h^{-1}	平衡煤价/元·t^{-1}	电价/元·(kW·h)$^{-1}$	电费/元·h^{-1}	平衡煤价/元·t^{-1}
SGHP2300MH	0.59	220.9	407	0.59	221.6	401	0.59	222.3	394
SGHP2700MH	0.59	249.22	392	0.59	250.3	386	0.59	251.3	380
SGHP3100MH	0.59	277.18	385	0.59	278.2	379	0.59	279.3	373
冷冻水进/出水温度	20℃/13℃			21℃/14℃			22℃/15℃		
项目 机组型号	电价/元·(kW·h)$^{-1}$	电费/元·h^{-1}	平衡煤价/元·t^{-1}	电价/元·(kW·h)$^{-1}$	电费/元·h^{-1}	平衡煤价/元·t^{-1}	电价/元·(kW·h)$^{-1}$	电费/元·h^{-1}	平衡煤价/元·t^{-1}
SGHP2300MH	0.59	223.37	387	0.59	224.1	381	0.59	224.8	375
SGHP2700MH	0.59	252.05	373	0.59	253.1	367	0.59	253.8	361
SGHP3100MH	0.59	280.37	366	0.59	281.1	360	0.59	282.1	354
冷冻水进/出水温度	23℃/16℃			24℃/17℃			25℃/18℃		
项目 机组型号	电价/元·(kW·h)$^{-1}$	电费/元·h^{-1}	平衡煤价/元·t^{-1}	电价/元·(kW·h)$^{-1}$	电费/元·h^{-1}	平衡煤价/元·t^{-1}	电价/元·(kW·h)$^{-1}$	电费/元·h^{-1}	平衡煤价/元·t^{-1}
SGHP2300MH	0.59	225.5	368	0.59	226.2	362	0.59	226.9	355
SGHP2700MH	0.59	254.53	355	0.59	255.6	349	0.59	256.3	343
SGHP3100MH	0.59	283.2	348	0.59	283.9	342	0.59	285	336

根据表 6-12 中的相关数据，绘制不同冷冻水进水温度下煤炭价格平衡点关系曲线，如图 6-4 所示。

从图 6-4 可以看出，煤炭价格平衡点随着进水温度的升高而降低。根据表 6-12 中的最后一组数据表明，当进水温度达到 25℃时，煤炭平衡价格分别达到 355 元/t、343 元/t 和 336 元/t；当进水温度大于 25℃时，煤炭平衡价格会更低。

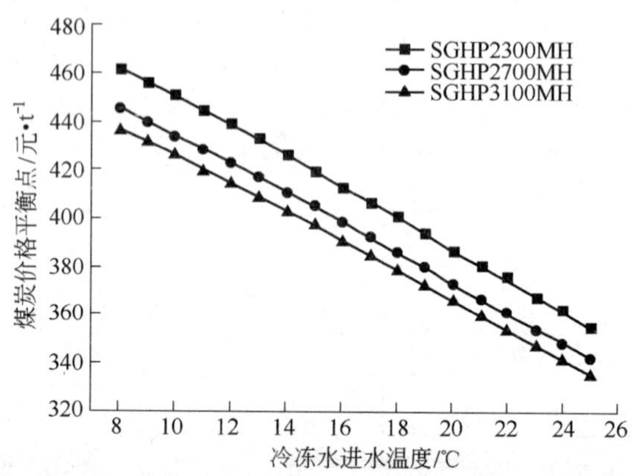

图 6-4 不同冷冻水进水温度与煤炭价格平衡点关系曲线图（徐州）

按照近几年内徐州地区的煤炭最低价格 400 元/t 来分析，可知水温度达到 18℃左右时煤炭价格即可达到或超过平衡点。

根据表 6-7 知，徐州地区 1000m 深矿井涌水温度为 30 ~ 35℃，800m 深矿井涌水温度为 25 ~30℃，600m 深矿井涌水温度为 20 ~25℃。800m 以下矿井涌水温度均大于 25℃，故均可达到煤炭平衡价格以上；600m 深矿井涌水的平衡煤价约为 366 ~ 387 元/t。

6.3.5 资兴地区矿井涌水温度与煤炭价格平衡点

根据资兴市电力局相关统计数据，资兴市大工业用电平均价格为 0.581 元/kW · h。

分别以 SGHP2300MH、SGHP2700MH、SGHP3100MH 三种水源热泵机组为例，在提取温差为 7℃的条件下，计算冷冻水进水温度从 8 ~25℃的煤炭价格平衡点。计算所得不同冷冻水进水温度的煤炭价格平衡点如表 6-13 所示。

表 6-13 不同冷冻水进水温度的煤炭价格平衡点统计表（资兴）

冷冻水进/出水温度	8℃/1℃			9℃/2℃			10℃/3℃		
项目 机组型号	电价/元·(kW·h)$^{-1}$	电费/元·h^{-1}	平衡煤价/元·t^{-1}	电价/元·(kW·h)$^{-1}$	电费/元·h^{-1}	平衡煤价/元·t^{-1}	电价/元·(kW·h)$^{-1}$	电费/元·h^{-1}	平衡煤价/元·t^{-1}
SGHP2300MH	0.581	209.16	455	0.581	210.2	449	0.581	211.3	444
SGHP2700MH	0.581	236	439	0.581	237	433	0.581	238.1	428
SGHP3100MH	0.581	262.15	430	0.581	263.5	425	0.581	264.9	420
冷冻水进/出水温度	11℃/4℃			12℃/5℃			13℃/6℃		
项目 机组型号	电价/元·(kW·h)$^{-1}$	电费/元·h^{-1}	平衡煤价/元·t^{-1}	电价/元·(kW·h)$^{-1}$	电费/元·h^{-1}	平衡煤价/元·t^{-1}	电价/元·(kW·h)$^{-1}$	电费/元·h^{-1}	平衡煤价/元·t^{-1}
SGHP2300MH	0.581	212.3	438	0.581	213	432	0.581	214	426
SGHP2700MH	0.581	239.49	422	0.581	240.5	417	0.581	241.6	411
SGHP3100MH	0.581	265.98	414	0.581	267	408	0.581	268.4	403
冷冻水进/出水温度	14℃/7℃			15℃/8℃			16℃/9℃		
项目 机组型号	电价/元·(kW·h)$^{-1}$	电费/元·h^{-1}	平衡煤价/元·t^{-1}	电价/元·(kW·h)$^{-1}$	电费/元·h^{-1}	平衡煤价/元·t^{-1}	电价/元·(kW·h)$^{-1}$	电费/元·h^{-1}	平衡煤价/元·t^{-1}
SGHP2300MH	0.581	214.74	419	0.581	215.8	414	0.581	216.5	407
SGHP2700MH	0.581	242.63	405	0.581	243.7	399	0.581	244.7	393
SGHP3100MH	0.581	269.47	397	0.581	270.9	391	0.581	271.9	385
冷冻水进/出水温度	17℃/10℃			18℃/11℃			19℃/12℃		
项目 机组型号	电价/元·(kW·h)$^{-1}$	电费/元·h^{-1}	平衡煤价/元·t^{-1}	电价/元·(kW·h)$^{-1}$	电费/元·h^{-1}	平衡煤价/元·t^{-1}	电价/元·(kW·h)$^{-1}$	电费/元·h^{-1}	平衡煤价/元·t^{-1}
SGHP2300MH	0.581	217.53	401	0.581	218.2	395	0.581	218.9	388
SGHP2700MH	0.581	245.41	386	0.581	246.5	381	0.581	247.5	374
SGHP3100MH	0.581	272.95	379	0.581	274	373	0.581	275	367

续表 6-13

冷冻水进/出水温度	20℃/13℃			21℃/14℃			22℃/15℃		
项目 机组型号	电价/元·(kW·h)$^{-1}$	电费/元·h^{-1}	平衡煤价/元·t^{-1}	电价/元·(kW·h)$^{-1}$	电费/元·h^{-1}	平衡煤价/元·t^{-1}	电价/元·(kW·h)$^{-1}$	电费/元·h^{-1}	平衡煤价/元·t^{-1}
SGHP2300MH	0.581	219.97	382	0.581	220.7	375	0.581	221.4	369
SGHP2700MH	0.581	248.2	368	0.581	249.2	362	0.581	249.9	356
SGHP3100MH	0.581	276.09	361	0.581	276.8	355	0.581	277.8	349
冷冻水进/出水温度	23℃/16℃			24℃/17℃			25℃/18℃		
项目 机组型号	电价/元·(kW·h)$^{-1}$	电费/元·h^{-1}	平衡煤价/元·t^{-1}	电价/元·(kW·h)$^{-1}$	电费/元·h^{-1}	平衡煤价/元·t^{-1}	电价/元·(kW·h)$^{-1}$	电费/元·h^{-1}	平衡煤价/元·t^{-1}
SGHP2300MH	0.581	222.06	362	0.581	222.8	356	0.581	223.5	350
SGHP2700MH	0.581	250.64	349	0.581	251.7	344	0.581	252.4	338
SGHP3100MH	0.581	278.88	343	0.581	279.6	337	0.581	280.6	331

根据表 6-13 中的相关数据，绘制不同冷冻水进水温度下煤炭价格平衡点关系曲线，如图 6-5 所示。

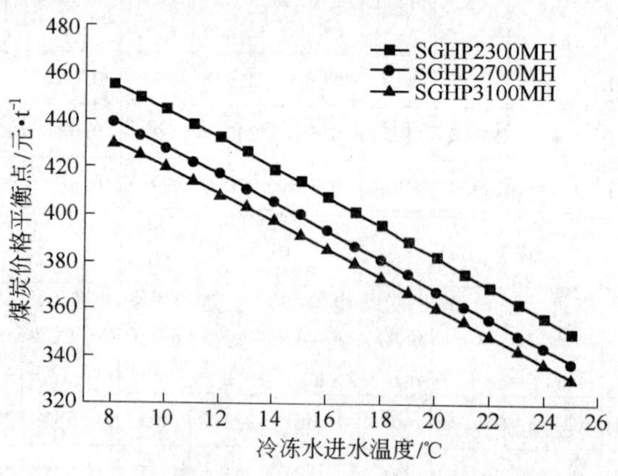

图 6-5 不同冷冻水进水温度与煤炭价格平衡点关系曲线图（资兴）

从图6-5可以看出，煤炭价格平衡点随着进水温度的升高而降低。根据表6-13中的最后一组数据表明，当进水温度达到25℃时，煤炭平衡价格分别达到350元/t、338元/t和331元/t；当进水温度大于25℃时，煤炭平衡价格会更低。

按照近几年内资兴地区的煤炭最低价格425元/t来分析，可知水温度达到13℃左右时煤炭价格即可达到或超过平衡点。

根据表6-8知，资兴地区1000m深矿井涌水温度为35～40℃，800m深矿井涌水温度为30～35℃，600m深矿井涌水温度为25～30℃。因为600m以下矿井涌水温度均大于25℃，故均可达到煤炭平衡价格以上。

结　语

本章通过对矿井涌水不同温度对应耗煤量的研究，在分析5个不同纬度地区1000m、800m和600m深矿井涌水温度范围的基础上，研究了这5个地区的矿井涌水温度与煤炭价格平衡点的关系，可获得以下结论：

（1）相同制热量的条件下，可用水源热泵系统耗电量与燃煤锅炉系统耗煤量来比较两者的经济性，即：

当 $Wx > Gy$ 时，表示水源热泵系统不如燃煤锅炉系统经济。

当 $Wx < Gy$ 时，表示水源热泵系统比燃煤锅炉系统经济。

（2）哈尔滨周围地区1000m、800m和600m深矿井涌水温度范围分别是38～43℃、28～33℃和22～27℃；沈阳周围地区1000m、800m和600m深矿井涌水温度范围分别是26～31℃、15～20℃和10～15℃；北京周围地区1000m、800m和600m深矿井涌水温度范围分别是29～34℃、23～28℃和19～24℃；徐州周围地区1000m、800m和600m深矿井涌水温度范围分别是30～35℃、25～30℃和20～25℃；资兴周围地区1000m、800m

和600m深矿井涌水温度范围分别是35～40℃、30～35℃和25～30℃。

（3）哈尔滨地区的煤炭最低价格按380元/t来分析，可知水温度达到14℃左右时煤炭价格即可达到或超过平衡点；沈阳地区的煤炭最低价格按350元/t来分析，可知水温度达到13℃左右时煤炭价格即可达到或超过平衡点；北京地区的煤炭最低价格按460元/t来分析，可知水温度达到10℃左右时煤炭价格即可达到或超过平衡点；徐州地区的煤炭最低价格按400元/t来分析，可知水温度达到18℃左右时煤炭价格即可达到或超过平衡点；资兴地区的煤炭最低价格按425元/t来分析，可知水温度达到13℃左右时煤炭价格即可达到或超过平衡点。

（4）哈尔滨地区800m以下矿井涌水温度均可使其达到煤炭平衡价格以上，600m深矿井涌水的平衡煤价约为316～334元/t；沈阳地区1000m以下矿井涌水温度可使其达到煤炭平衡价格以上，800m深矿井涌水的平衡煤价约为321～339元/t，600m深矿井涌水的平衡煤价约为344～364元/t；北京地区1000m以下矿井涌水温度可使其达到煤炭平衡价格以上，800m深矿井涌水的平衡煤价约为354～374元/t，600m深矿井涌水的平衡煤价约为379～400元/t；徐州地区800m以下矿井涌水温度均可使其达到煤炭平衡价格以上，600m深矿井涌水的平衡煤价约为366～387元/t；资兴地区600m以下矿井涌水温度均可使其达到煤炭平衡价格以上。

参考文献

[1] 朱家玲，等．地热能开发与应用技术［M］．北京：化学工业出版社，2006.

[2] 何满潮，袁和生，靖洪文，等．中国煤矿锚杆支护理论与实践［M］．北京：科学出版社，2004.

[3] 张玉卓．煤炭资源开发与矿区环境建设［C］//中国科学技术协会．资源环境科学与可持续发展技术——中国科协第三届青年学术年会论文集．北京：中国科学技术出版社，1996.

[4] 陈庆敏，郭颂，金泰．锚杆支护的“刚性”梁理论及其应用［J］．矿山压力与顶板管理，2000，(1)：2～4.

[5] 陈玉凡．矿山机械［M］．北京：冶金工业出版社，1981.

[6] 谢和平．深部高应力下的资源开采——现状、基础科学问题与展望［C］//香山科学会议．科学前沿与未来．北京：中国环境科学出版社，2002：179～191.

[7] 何满潮．深部开采工程岩石力学的现状及其展望［C］//中国岩石力学与工程学会．第八次全国岩石力学与工程学术大会论文集．北京：科学出版社，2004：88～94.

[8] 姜耀东，赵毅鑫，刘文岗，等．深部开采中巷道底臌问题的研究［J］．岩石力学与工程学报，2004，23（7）：2396～2401.

[9] 解世俊，孙凯年，邓永学，等．金属矿床深部开采的几个技术问题［J］．金属矿山，1998，(6)：3～6.

[10] Vogel M，Andrast H P. Alp Transit-Safety in Construction as A Challenge，Health and Safety Aspects in Very Deep Tunnel Construction［J］. Tunneling and Under Ground Spaces Technology，2000，15（4）：481～484.

[11] 张天军，高战敏，蔡嗣经，等．21世纪的超深采矿［J］．国外金属矿山，2000，(6)：25～31.

[12] Diering D H. Mining at Ultra Depth in the 21st Century［J］. CIM Bulletin，2002，93：141～145.

[13] Diering D H. Ultra－deep Level Mining－Future Requirements［J］. The South African Institute of Mining and Metallurgy，1997，97（6）：249～255.

[14] 谢和平，彭苏萍，何满潮．深部开采基础理论与工程实践［M］．北京：科学出版社，2006：3～14.

[15] 煤炭部. 关于高温矿井调查报告 [R]. 北京：煤炭部，1985.

[16] 侯祺棕. 台湾煤矿与高温 [C] //矿井通风论文选集. [出版地不详]：[出版者不详]，1987：60~67.

[17] 岑衍强，侯祺棕. 矿内热环境工程 [M]. 武汉：武汉工业大学出版社，1989.

[18] 中国科学院地质研究所地热室. 矿山地热概论 [M]. 北京：煤炭工业出版社，1981.

[19] 南非金矿通风协会. 南非金矿通风 [M]. 马秉衡，陈化韩，阳昌明，等译. 北京：冶金工业出版社，1984.

[20] Cluver E H. An analysis of ninety - two fatal heat stress cases on Witwatersrand gold mines [J]. South African Medical Journal，1932，6：15~23.

[21] Dreosti A O. Problems arising out of temperature and humidity in deep mines of the Witwatersrand [J]. Chem. metall. Min. Soc. S. Afr.，1935，36：102~129.

[22] 庞立新，景长生. 煤矿井下降温技术的探索及应用 [J]. 煤矿开采，2000，40 (3)：60~62.

[23] Hemp R. Air temperature increases in airways [J]. The mine ventilation society of South Africa，1985：1~20.

[24] 孙艳玲，桂祥友. 煤矿热害及其治理 [J]. 辽宁工程技术大学学报，2003，22 (增)：35~37.

[25] 李学武. 山东济三煤矿热环境参数分析及通风降温可采深度研究 [D]. 青岛：山东科技大学，2004：8.

[26] 煤炭工业部. 煤矿安全规程 [M]. 北京：煤炭工业出版社，1986.

[27] 张芳，陈欢林. 中国能源结构现状及发展趋势 [R]. 北京：中国能源学会信息部，2009.

[28] 中华人民共和国国家统计局. 中华人民共和国 2007 年国民经济和社会发展统计公报，2008 年 2 月 28 日.

[29] 中华人民共和国国家统计局. 中华人民共和国 2008 年国民经济和社会发展统计公报，2009 年 2 月 26 日.

[30] 煤炭工业部科技教育司，煤炭工业部软岩巷道支护专家组，煤矿软岩工程技术研究推广中心. 中国煤矿软岩巷道支护理论与实践 [M]. 徐州：中国矿业大学出版社，1996.

[31] 何满潮，孙晓明. 中国煤矿软岩巷道工程支护设计与施工指南 [M]. 北京：科学出版社，2004.

[32] 陈炎光，陆士良．中国煤矿巷道围岩控制［M］．徐州：中国矿业大学出版社，1994.

[33] 卫修君，邓寅生，郑继东，等．煤矿水的灾害防治与资源化［M］．北京：煤炭工业出版社，2007.

[34] 丁忠浩．废水资源化综合利用技术［M］．北京：国防工业出版社，2007.

[35] 赵苏启，郭启文，徐志斌．郑州矿区水害综合治理技术研究［M］．北京：中国科学技术出版社，2006.

[36] 毛艳丽，肖晓存，罗世田，等．平顶山市煤矿矿井涌水的资源化［J］．洁净煤技术，2007，13（2）：94～96.

[37] 郑连科．永城矿井涌水水资源的综合评价及利用［J］．煤炭科学技术，2007，(6)：16～19.

[38] 中国煤炭工业劳动保护科学技术学会．矿井水害防治技术［M］．北京：煤炭工业出版社，2007.

[39] Jan Nadziakiewicz, Andrzej Nowak, Zbigniew Rudnicki. Utilization of waste energy to prepare bath water in a bituminous coal mine [C] // Internationales Symposium. Warmeaustausch und Erneuerbare Energiequellen. Silesia: [s. n.] 1998: 271～276.

[40] Jessop Alan M, MacDonald Jack K, Howard Spence. Clean energy from abandoned mines at Springhill, Nova Scotia [J]. Energy Sources, 1995, 17 (1): 93～106.

[41] Bobok Elemér, Tóth Anikó. Geothermal potential of an abandoned copper mine in Recsk, Hungary [J]. Transactions - Geothermal Resources Council, 2005, 29: 47～49.

[42] Raymond Jasmin, Therrien René. Investigating the low-temperature geothermal energy potential of the Gaspé Mines, Murdochville, Canada [J]. Transactions - Geothermal Resources Council, 2006, 30 (2): 565～569.

[43] Maolepszy Zbigniew. Preliminary numerical simulation of heat exchange in abandoned workings of former coal mine "Nowa Ruda" [J]. Proceedings of the Ninth International Symposium on Heat Transfer and Renewable Sources of Energy, 2002: 471～478.

[44] Whillier John. Underground refrigeration practice: Comparing the water sources [J]. S. Afr. Min. Eng., 2006, 35 (1): 17～20.

[45] 虎维岳．矿山水害防治理论与方法［M］．北京：煤炭工业出版社，2005.

[46] 郭平业．我国深井温度场特征及热害控制模式研究［D］．北京：中国矿业大学（北京），2009.

[47] 黄德发，刘述森，郭启文，等．郑州矿井地下水的防治与利用［M］．北京：煤炭工业出版社，2006.

[48] 何满潮．矿井热能转换循环生产系统：中国，10057109.3［P］．2009-03-11.

[49] 何满潮．矿井涌水为冷源的深井降温系统：中国，10057111.0［P］．2009-04-08.

[50] 何满潮．深井热交换系统压力转换系统：中国，10057108.9［P］．2009-03-04.

[51] 何满潮．深井模块化组装移动式降温器：中国，10057087.0［P］．2009-05-27.

[52] 何满潮．深井高温工作面冷风降温系统及方法：中国，10057086.6［P］．2009-01-28.

[53] 何满潮，徐敏．HEMS深井降温系统研发及热害控制对策［J］．岩石力学与工程学报，2008，27（7）：1353～1361.

[54] He Man-chao. Application of HEMS cooling technology in deep mines heat hazard control［J］. Mining Sciences and Technology, 2009, 19（3）: 269～275.

[55] Decsartes R. Opera mathematica et philosophica, tom. I, pricipia philosophiae, Amsterdam, 1692.

[56] von Leibnitz G W. Protogaea sive de prima facie telluris et antiquissimae historiae vestigiis, Göttingen, 1749.

[57] Newton I. Philosophiae naturalis principia mathematica（1687）, dtsche Ausg. von Wolfers J Ph. mathematische Prinzipien der Naturlehre, Berlin, 1872.

[58] von Buffon Gr. Epochen der nature, aus dem Französischen Les epochs de la nature（Paris 1780）, Leipzig, 1782.

[59] 邦特巴思·G. 地热学导论［M］．易志新，熊亮萍译．北京：地震出版社，1988.

[60] 康永华，耿德庸，许升阳．煤矿井下工作面突水与围岩温度场的关系［M］．北京：煤炭工业出版社，1996.

[61] 徐世光，郭远生．地热学基础［M］．北京：科学出版社，2009.

[62] 汪集旸，孙占学．神奇的地热［M］．北京：清华大学出版社，2001.

[63] 余恒昌．矿山地热与热害治理［M］．北京：煤炭工业出版社，1991.

[64] 王钧，黄尚瑶，黄歌山，等. 中国地温分布的基本特征 [M]. 北京：地震出版社，1990.

[65] 王钧. 地热区的地温场与地质构造的关系 [G] //中国科学院地质研究所地热组. 地热研究论文集 [M]. 北京：科学出版社，1978.

[66] 王钧，黄尚瑶，黄歌山，等. 华北中新生代沉积盆地的地温分布及地热资源 [J]. 地质学报，1983，57 (3)：304 ~316.

[67] 王钧. 东南沿海地区地温场的形成及其分布规律 [J]. 地震地质，1985，7 (1)：49 ~58.

[68] 王钧，黄尚瑶，黄歌山，等. 中国南部地温分布的基本特征 [J]. 地质学报，1986，(3)：297 ~310.

[69] 王谦身，等. 亚洲大陆地壳厚度分布轮廓及地壳构造特征的探讨 [J]. 地震地质，1982，4 (3)：1 ~9.

[70] 王锡福，张吉森. 陕甘宁盆地海相找油气远景 [J]. 天然气工业，1987，7 (1)：5 ~11.

[71] 邓孝，余恒昌. 矿区地热状况研究与深部地温预测 [C] //全国地热学术会议论文选集编辑组. 全国地热学术会议论文选集. 北京：科学出版社，1981.

[72] 邓孝，汪缉安. 安徽大地热流 [G] //中国科学院地质研究所. 中国科学院地质研究所地质科研成果选集. 北京：文物出版社，1982.

[73] 沈显杰，等. 西藏高原的热流测量 [J]. 科学通报，1983，28 (14)：876 ~877.

[74] 沈显杰，等. 藏南湖底热流值的校正与结果 [J]. 地球物理学报，1985，28 (增刊1)：93 ~107.

[75] 文安政. 矿床地下热水分布特征及热害综合治理（以湖南 711 矿为例）[C] //全国地热学术会议论文选集编辑组全国地热学术会议论文选集. 北京：科学出版社，1981.

[76] 齐宝翔. 天津地区的地下热水 [C] //全国地热学术会议论文选集编辑组全国地热学术会议论文选集. 北京：科学出版社，1981.

[77] 刘耀光. 松辽盆地地热场特征与油气勘探的关系 [J]. 石油勘探与开发，1982，9 (3)：26 ~31.

[78] 汪集旸，黄少鹏. 中国大陆地区大地热流数据汇编 [J]. 地质科学，1988，(2)：196 ~204.

[79] 黑龙江水文队. 五大连池地区矿水水文地质普查报告，1976. 12.

[80] 佟伟，等．西藏地热［M］．北京：科学出版社，1981.
[81] 佟伟，等．西藏高原的水热活动和上地壳热状态初探［J］．地球物理学报，1982，25（1）：34～40.
[82] 中国台湾矿业研究所．台湾地热资源勘查报告之一、三、四，1974，1978，1979.
[83] 黄尚瑶，王钧，汪集旸，等．火山、温泉、地热能［M］．北京：地质出版社，1986.
[84] 陈墨香，等．渤海地温场特点的初步研究［J］．地质科学，1984，（4）：393～401.
[85] 陈墨香，等．济阳凹陷地温场的基本特点及其对能源勘探的意义［M］//中国科学院地质研究所．中国科学院地质研究所集刊（第1号）．北京：科学出版社，1986.
[86] 陈墨香，等．华北地热［M］．北京：科学出版社，1988.
[87] 何京生．四川省地下热水资源展望［J］．大自然探索，1984，（4）：109～113.
[88] 吴乾蕃，谢毅真．松辽盆地大地热流［J］．地震地质，1985，7（2）：59～64.
[89] 吴乾蕃，等．云南地区地热基本特征［J］．地震地质，1988，10（4）：177～183.
[90] 武尉文．贵州地温初步研究［J］．贵州石油地质，1981，（1）.
[91] 中国科学院地质研究所地热组．矿山地热概论［M］．北京：煤炭工业出版社，1981.
[92] 地质科学院地质力学研究所．地热专辑（第一辑）［M］．北京：地质出版社，1976.
[93] 克鲁格尔·O·P，奥特·C. 地下热能（资源、生产、人工激发）［M］．施洪熙，佟伟，译．北京：地质出版社，1973.
[94] 汪集旸，马伟斌，龚宇烈，等．地热利用技术［M］．北京：化学工业出版社，2004.
[95] 切列缅斯基·Г·A. 实用地热学［M］．北京：地质出版社，1982.
[96] 王秉忱，田廷山，赵继昌，等．浅层地温（热）能资源特性及评价方法对地源热泵工程的意义［G］//中国资源综合利用协会地温资源综合利用专业委员会．地温资源与地源热泵技术应用论文集（第二集）．北京：地质出版社，

2008.

[97] 王秉忱，田廷山，赵继昌. 我国地温资源开发与地热泵技术应用及存在问题［G］//中国资源综合利用协会地温资源综合利用专业委员会. 地温资源与地源热泵技术应用论文集（第一集）. 北京：中国大地出版社，2007.

[98] 赵镇南. 传热学［M］. 北京：高等教育出版社，2002.

[99] 杨承祥，袁世伦，胡国斌. 冬瓜山铜矿深井热害的防治对策［J］. 矿业工程，2004，2（2）：29～31.

[100] Rohsenow W M，Chol H Y. Heat，Mass and Momentum Transfer［M］. New Jersey：Prentice－Hall，Inc.，1961.

[101] Bennet C D，Myers J E. Momentum，Heat and Mass Transfer［M］. 2nd Ed. New York：McGraw－Hill Book Company，1974.

[102] Skelland A H P. Diffusional Mass Transfer［M］. New York：John Wiley & Sons，Inc.，1974.

[103] Astarita G. Mass Transfer with Chemical Reaction［M］. New York：Elsevier Publishing Company，1967.

[104] 杨世铭. 传热学［M］. 北京：高等教育出版社，1980.

[105] 徐希孺. 遥感物理［M］. 北京：北京大学出版社，2005.

[106] Whitaker S. Elementary Heat Transfer Analysis［M］. New York：Pergamon Press，Inc.，1976.

[107] 霍尔曼·J·P. 传热学［M］. 马庆芳，马重芳，王兴国译. 北京：人民教育出版社，1979.

[108] 雷柯夫·A·B. 传热学理论［M］. 袭裂钧，丁履德译. 北京：高等教育出版社，1956.

[109] 埃克特（E. R. G. Eckert），德雷克（R. M. Drake）. 传热与传质分析［M］. 航青译. 北京：科学出版社，1956.

[110] 赵再春，彭担任. 煤的比热测定与结果分析［J］. 煤矿安全，1994，6：14～16.

[111] 彭担任，赵再春. 煤的比热容及其影响因素研究［J］. 煤，1998，7（4）：2～4.

[112] Lynch C T. Handbook of Materals science. Vol. 1. General properties［M］. Florida：CRC. Press，Inc.，1979.

[113] 彭担任，赵全富，胡兰文，等. 煤与岩石的导热系数研究［J］. 煤矿安全与

环保，2000，27（6）：16～18.

［114］多尔特曼．岩石和矿物的物理性质［M］．蒋宏耀等译．北京：科学出版社，1985：113～129.

［115］Kingery W D. The Thermal Conductivity of Geramic Dielectries. Progress in Germic. Vol. 2［M］. New York：Pergamon Press Inc.，1962：181～196.

［116］陈仕周，倪小军．桥面铺装与路面温度差异研究［J］．中国公路学报，2005，18（2）：56～60.

［117］滕云山，程钢．保温工程中传热计算公式的合理选用［J］．节能技术，1994，6：16～23.

［118］胡文容．煤矿矿井水及废水处理利用技术［M］．北京：煤炭工业出版社，1997.

［119］何绪文，等．废水处理与矿井水资源化［M］．北京：煤炭工业出版社，2002.

［120］陆耀庆．实用供热空调设计手册（第二版）［M］．北京：中国建筑工业出版社，2008.

［121］彦启森．空气调节用制冷技术［M］．北京：中国建筑工业出版社，1984.

［122］姬忠礼，邓志安，赵会军．泵和压缩机［M］．北京：石油工业出版社，2008.

［123］马最良，等．水环热泵空调系统设计［M］．北京：化学工业出版社，2005.

［124］丁云飞，陈晓，吴佐莲．冷热源工程［M］．北京：化学工业出版社，2009.

［125］徐邦裕，陆亚俊，马最良．热泵［M］．北京：中国建筑工业出版社，1988.

［126］陆亚俊，马最良，邹平华．暖能空调（第二版）［M］．北京：中国建筑工业出版社，2007.

［127］马最良，姚杨，姜益强．暖能空调热泵技术［M］．北京：中国建筑工业出版社，2007.

［128］赵军，戴传山．地源热泵技术与建筑节能应用［M］．北京：中国建筑工业出版社，2007.

［129］朱兴旺，仇富强，尹斌，等．7℃工况下R417a和R22用于空气源热泵热水器的试验研究［J］．流体机械，2009，37（6）：57～59，69.

［130］张萍，初勤亭．R22的替代物THR03的实验研究及性能分析［J］．流体机械，2007，35（11）：73，74～77.

［131］张萍，陈光明．R410A替代R22制冷系统的实验与分析［J］．工程热物理学

报，2008，29（5）：741～746.

[132] 刘洋，刘金祥，丁高.R410A水源热泵机组变工况运行的数学模型研究[J].暖通空调，2007，37（3）：21～24.

[133] 李鹏翔，戎卫国.水源热泵机组的变工况特性研究［J］.流体机械，2004，32（8）：49，50～53.

[134] 张伟伟，刘俊杰，朱能.水源热泵采暖系统的可用能效率分析［J］.流体机械，2005，33（3）：64～66.

[135] 闵晓丹.公共建筑空调系统运行能效比分析和优化［D］.重庆：重庆大学，2008.

[136] 李新禹，金星，陈杰.制约离心式制冷机组COP值的参数分析［J］.土木建筑与环境工程，2009，31（1）：103～109.

[137] 赵力，张启，涂光备.变温热源地源热泵系统的可用能分析［J］.太阳能学报，2002，23（5）：595～598.

[138] 杨强，王怀信，戴立生.水源热泵的可用能优化分析［C］//全国暖通空调制冷2006年学术年会论文集.2006：222.

[139] 赵海波，杨昭.水源热泵系统的热力学分析［J］.节能技术，2004，22（3）：29～32.

[140] 郝杰，贾雅娟，畅云峰.提高冰箱压缩机COP值的理论分析［J］.液体机械，2004，32（4）：45～47.

[141] 方品贤，等.环境统计手册［M］.成都：四川科学技术出版社，1985.

冶金工业出版社部分图书推荐